Sachsenmeier (Hrsg.)

Workshops, Seminare und Besprechungen

Mit Kommunikation zum Erfolg · Band 2

Workshops, Seminare und Besprechungen

Mit Kreativität und Methode zum sicheren Erfolg

Herausgegeben von Ingeborg Sachsenmeier

Mit Beiträgen von
Ulrich Lipp, Hermann Will, Bernd Weidenmann,
Bernd Heckmair, Stefan König u.a.

Beltz Verlag · Weinheim und Basel

Die Herausgeberin:
Ingeborg Sachsenmeier, Jg. 1957, M.A., Philosophie und Slawistik, betreut seit 1991 im Beltz-Verlag den Programmbereich Weiterbildung.

Bildnachweis
S. 23, 24, 25, 49, 61, 67, 69, 75, 81, 82, 84, 97, 98, 101, 103, 112, 113: Ulrike Rath, Aachen
S. 45, 109: Neuland GmbH, Eichenzell
S. 46, 50, 108: Hermann Will, Berg
S. 57: Franz Will, München
S. 76, 80, 86, 88: Ulrich Lipp, Reisbach
S. 68, 94: Ludwig Schneider, Weiler
S. 111: Gezeichnet von Workshop-Teilnehmern
S. 231–250: Bernd Heckmair, München

Eine Gemeinschaftsaktion von der Handelsblatt GmbH und dem Beltz Verlag

www.beltz.de
Herstellung: Klaus Kaltenberg
Satz: Druckhaus »Thomas Müntzer«, Bad Langensalza
Druck: Druck Partner Rübelmann, Hemsbach
Umschlaggestaltung: grey worldwide GmbH, Düsseldorf
Printed in Germany

ISBN 978-3-407-36481-4

Inhaltsverzeichnis

Methoden, die zum Einsatz kommen

Bewerten und Entscheiden

Visualisieren und Dokumentieren

Umsetzung anschieben

Krisenmanagement

Warming-up: Übungen zur Aktivierung und für Teamprozesse

Active Training: So geht es!

Erlebnisorientierte Lernprojekte

Vorwort

Stellen Sie sich einmal die folgende Situation vor: Sie bekommen den Auftrag, einen zweitägigen Workshop zu planen und durchzuführen. Thema: Die Zusammenarbeit der einzelnen Abteilungen verbessern. Der Hintergrund: Es wurde mal wieder umstrukturiert. Zwei Abteilungen wurden neu geschaffen, zum Teil mit Mitarbeitern aus anderen Abteilungen, zum Teil mit neuen Leuten. Es hakt und knirscht in den Abläufen. Nichts läuft so richtig rund. Es kommt ständig zu Missverständnissen, zu Verzögerungen, erste Konflikte zeichnen sich ab …

Es liegt also nun an Ihnen, die Situation zu entschärfen und die Zusammenarbeit möglichst nachhaltig zu verbessern. Eine Fülle von Fragen rast durch Ihr Gehirn: Wo setze ich an? Was ist eigentlich ein Workshop? Wie gestalte ich ihn? Wen lade ich ein? Kann ich Teile delegieren? Was brauche ich für die Vorbereitung? Wie kann ich erreichen, dass alle möglichst schnell die jeweiligen neuen Funktionen der Beteiligten in der Firma kennenlernen? Was mache ich, damit wirklich alle aktiv mitarbeiten? Welche Methoden kann ich einsetzen? Was kann ich unternehmen, wenn sich im Workshop Krisen zuspitzen? …

Da gilt es ganz schön viel zu bewältigen. Denn so wie im vergangenen Jahr soll es nicht werden. Eine ähnliche Veranstaltung – damals zum Thema »Kommunikation verbessern« – war stinklangweilig gewesen und so richtig viel kam dabei nicht heraus. Das wollen Sie natürlich besser machen …

In solchen und ähnlichen Fällen bietet Ihnen dieses Buch Hilfestellung. Sie erhalten ganz kompakt:

- Informationen rund um Workshops: unterschiedliche Ablaufpläne und Workshop-Typen, Diskussionsformen für Workshops.
- Möglichkeiten der Visualisierung und Dokumentation.
- Ideen für den Transfer in die tägliche Praxis.
- Krisenmanagement mit wirkungsvollen Methoden, die helfen, die Situationen zu entschärfen.
- Zahlreiche Methoden, die sich sowohl in Workshops als auch in Seminaren und Besprechungen einsetzen lassen.
- Übungen zum Kennenlernen, zum Aktivieren der Teilnehmenden, zur Steigerung der Konzentration und Motivation, zur Teambildung.
- Lernprojekte, die vor allem für die Teamentwicklung sehr gut geeignet sind.

Zusammengestellt wurde dieses Buch aus folgenden Büchern des Weiterbildungsprogramms beim Beltz Verlag:

- »Das große Workshop-Buch« von Ulrich Lipp und Hermann Will,
- »Warming-up in Seminar und Training« von Stefan König, mit Beiträgen von einigen anderen Autoren,
- »Handbuch Active Training« von Bernd Weidenmann und
- »20 erlebnisorientierte Lernprojekte« von Bernd Heckmair.

Die unterschiedlichen Anregungen der Autoren helfen Ihnen sicher dabei, Ihre Veranstaltungen zum Erfolg zu bringen. Eine gute Vorbereitung ist der erste Schritt zum Gelingen. Nutzen Sie das Buch wie einen gut gefüllten Werkzeugkoffer.

Ich wünsche Ihnen den Mut, die Methoden, die Übungen und die Lernprojekte auszuprobieren. Viel Spaß beim Lesen.

Weinheim, September 2008 *Ingeborg Sachsenmeier*

Ulrich Lipp

Workshop-»Philosophie«

Aus: Das große Workshop-Buch

»Workshop« ist leider ein Modebegriff geworden! »Leider«, weil Moden sehr kurzlebig sind. Wir definieren den Begriff deshalb in diesem Kapitel und grenzen Workshops, so weit möglich, von anderen Veranstaltungsformen ab. Workshop-»Philosophie« ist keine Theorie, sondern eine Beschreibung des »Werkstatt«-Charakters.

Was ist ein Workshop?

Vor einer Definition einige Beispiele aus unserer Workshop-Praxis:

- Das Vorschlagswesen in der Produktion im Maschinenbau will nicht recht klappen. Die Arbeiter machen nur sehr wenige Verbesserungsvorschläge, die Meister wiederum fassen die Vorschläge der Mitarbeiter gerne als Kritik auf. Das Prämiensystem bewirkt kaum Anreize im eigenen Arbeitsbereich. Der Verantwortliche aus der Personalabteilung lädt aus einer Abteilung Meister, einige Arbeiter, einen Vertreter des Betriebsrats sowie einen neutralen Moderator zu einem Workshop »Vorschläge und Ideen zum Vorschlagswesen« ein. Eineinhalb Tage arbeiten die zwölf Leute an diesem Thema. Der Verantwortliche geht mit einer ganzen Liste von Ideen nach Hause.
- Im Bereich Forschung und Entwicklung eines Pharmaunternehmens gibt es zwölf Ideen für neue Forschungsprojekte. Alle klingen im Entwurf Erfolg versprechend. Maximal vier von ihnen können weiterverfolgt werden. Alle Ideen werden vorgestellt, eine Entscheidung herbeigeführt, der gesamte Bereich auf die ausgewählten Pfade eingeschworen.
- Eine Trainercrew hat die Idee, einfache Videoclips ohne professionellen Anspruch (»Barfuß-Videos«) verstärkt in Seminaren und Trainings einzusetzen. Kollegen, die entweder viel mit Videos arbeiten oder an ähnlichen Ideen basteln, werden zu einem Workshop eingeladen. Inhalte der Veranstaltung: Erfahrungen zusammentragen, bei der praktischen Arbeit neue Erfahrungen machen, Einsatzmöglichkeiten diskutieren.
- In einer Großbank wird die Ausbildung verändert. Schlüsselqualifikationen wie Selbstständigkeit und Kooperationsfähigkeit sollen größeres Gewicht erhalten. Die Ausbilder werden nicht, wie früher üblich, entsprechend den neuen Vorgaben eingeschult. Sie erarbeiten in mehreren Workshops die konkrete Umsetzung der neuen Ziele selbst: »Wie erreichen wir in unserer Ausbildung noch mehr Selbstständigkeit, noch mehr Kooperationsfähigkeit?«
- Ein Naturschutzverband hat viele »zahlende« Mitglieder, aber zu wenige Aktivisten. Der Vorstand lädt daher einige interessierte Mitglieder, zwei Werbefachleute sowie zwei Redakteure der Verbandszeitschrift ein für zwei Tage zu einem Workshop mit dem Thema: »Karteileichen aktivieren, aber wie?«

So unterschiedlich die Ziele dieser fünf Veranstaltungen im Einzelnen sind, der Workshop-Charakter ist ihnen allen gemeinsam: Eine Gruppe von Personen nimmt sich Zeit, um außerhalb des Arbeitsalltags eine spezielle Aufgabe zu lösen.

Unsere Definition von Workshop

Workshops sind Arbeitstreffen, in denen sich Leute in Klausuratmosphäre einer ausgewählten Thematik widmen.

Neben den hier enthaltenen Grundelementen:

- Arbeit,
- in einer Gruppe,
- an einer Aufgabe,
- außerhalb der Routinearbeit,

gelten für die meisten Workshops als weitere Merkmale:

- Teilnehmer sind Spezialisten oder Betroffene.
- Die Leitung übernimmt ein Moderator als Experte für Besprechungsmethodik und Gruppendynamik.
- Das Zeitbudget ist nicht zu knapp bemessen.
- Die Ergebnisse wirken über den Workshop hinaus.

Die Inflation des Begriffs Workshop

Eigentlich lässt sich mit dieser Definition ein Workshop von anderen Veranstaltungsformen klar abgrenzen. Weit gefehlt! Selten wird ein Begriff so inflationär ge- und missbraucht. Sie können heute jede x-beliebige Tageszeitung aufschlagen und werden die Ankündigung irgendeines Workshops finden. Darin spiegelt sich die Tendenz, alle Veranstaltungen, in denen Teilnehmer auch nur am Rande aktiv werden, als Workshop zu titulieren.

Wenn Bäcker neue Produkte vorstellen und Zuschauer auch mal Hand anlegen dürfen, ist das gleich ein Back-Workshop. Übungsphasen im Rhetoriklehrgang werden zum Rhetorik-Workshop hochstilisiert. Die Unternehmensleitung beschließt Personaleinsparungen um zehn Prozent und verkauft die Bekanntgabe dieser Entscheidung als Zielvereinbarungs-Workshop. Es gibt Schuhplattler- und Bauchtanz-Workshops oder es wird zu einem Workshop »Die Wirkung elektromagnetischer Schwingungen auf den menschlichen Organismus« eingeladen.

Workshop klingt positiv, modern, aktiv und damit scheint das Schicksal des Worts besiegelt: Es droht zum »Schicki-Micki-Begriff« zu verkommen, bis es irgendeinmal so ausgelutscht, nichtssagend und »out« geworden ist, dass es auf der Halde der abgetragenen Modewörter deponiert wird. Es wäre schade.

Rettung durch Abgrenzung

Workshops bezeichnen spezielle Veranstaltungsformen. Diese lassen sich deutlich von anderen abgrenzen:

- Veranstaltungen, in denen Wissen vermittelt wird, sind *Lehrgänge* oder *Seminare*. Verwirrend ist, dass in vielen Seminaren und Trainings mit Workshop-Methoden und Workshop-Sequenzen gearbeitet wird.
- Liegt ein Schwerpunkt neben der Vermittlung auf der Übung des Gelernten, so sprechen wir sinnvollerweise von *Training*. Es gibt zwar auch in Workshops Teile, in denen Wissen vermittelt wird. Sie dienen aber nicht vorrangig der Weiterbildung der Teilnehmer, das Wissen ist vielmehr nötig, um die anstehenden Aufgaben zu bewältigen.
- *Präsentationen* sind auch dann keine Workshops, wenn die Zuhörer aktiviert werden (das gehört zu einer guten Präsentation ohnehin dazu!), ihre Anregungen einbringen dürfen oder selbst etwas ausprobieren können. In Präsentationen wird etwas vorgestellt und nicht bearbeitet.
- Manchmal werden *Routinebesprechungen*, Konferenzen mit langer Tagesordnung oder die wöchentliche Projektteamsitzung als Workshop bezeichnet. Das ist zwar verständlich, weil die Ankündigung Workshop (noch) nicht den tiefen Seufzer auslöst, in dem der ganze Frust über ineffektive Besprechungen kumuliert. Trotzdem ist das Etikettenschwindel: Workshops haben ein, nicht mehrere Themen, sie sind nicht Bestandteil alltäglicher Arbeitsabläufe und sie finden nicht regelmäßig jede Woche oder alle 14 Tage statt.

Es gibt allerdings auch Besprechungen, die echte Workshops sind, ohne so zu heißen. Sie verbergen sich manchmal hinter Titeln wie Klausur, Milestone-Konferenz, Meeting oder Tagung.

Argumente für Workshops

Workshops sind teuer, aufwendig und riskant. Da ist zum einen der Kostenfaktor (Arbeitsausfall, Hotel- und Reisekosten, externer Moderator und einiges mehr ...), der Zeitbedarf, die grundsätzlich offene Frage, ob ein brauchbares Ergebnis erreicht wird, und die Unsicherheit, ob die Maßnahmen und Beschlüsse auch umgesetzt werden und greifen. Wenn sich Workshops »rentieren« sollen, müssen die folgenden Stärken der *Methode Workshop* zum Tragen kommen.

Konzentration auf eine Thematik. Workshops bieten die Möglichkeit, sich einer Aufgabe in Ruhe, das heißt ohne Störungen durch Alltagsgeschäft und ohne Zeitdruck, widmen zu können. Das ermöglicht auch ein tieferes Eindringen und differenzierte Sichtweisen.

Kurzfristige Aktivierung von Leistungsreserven. Der begrenzte Zeitrahmen, ein gemeinsames Ziel, dazu die Arbeit im Team unter Klausurbedingungen, das sind Faktoren, die Leistungsreserven aktivieren. Wenn der Workshop gut läuft, stürzen sich die Teilnehmer förmlich in die Arbeit. Was dabei allerdings auffällt, ist der »Workshop-Kater«, der mit Alkohol nichts zu tun hat. Das ist der Durchhänger am Tag danach als Tribut für die Überanstrengung bei Teilnehmern und Moderatoren.

Synergieeffekte. Die Vielfalt der Sichtweisen im Workshop regt zu neuen Gedanken und Überlegungen an. Durch Kooperation werden neue Wege auch außerhalb des individuellen Horizonts sichtbar. Deshalb ist das Ergebnis eines Workshops durch das Zusammenwirken der einzelnen Spezialisten und der Teilnehmer mehr als die Summe dessen, was die einzelnen Teilnehmer einbringen.

Workshop-Ergebnisse sind Gruppenergebnisse. Konzeptionen, Innovationen, aber auch Entscheidungen aus Workshops werden in der Gruppe erarbeitet, das heißt, sie werden von den Teilnehmern gemeinsam getragen. Das erleichtert über die Akzeptanz der Teilnehmergruppe die Um- und Durchsetzung der Ergebnisse nach dem Workshop.

Nebenwirkungen. Daneben haben Workshops positive »Auswirkungen« in Richtung Personalentwicklung: In gelungenen Workshops lernen die Teilnehmer das Arbeiten und Zusammenarbeiten in Teams, das Einbringen von Informationen kurz und knackig, das Über-den-Tellerrand-Blicken und ähnliche »Arbeitstugenden« viel intensiver als auf manchen einschlägigen Seminaren.

Aus eigener Kraft! Ein Plädoyer für hausinterne Problemlösungen in Workshops

Es gibt Argumente für externe Berater in Unternehmen: Sie sind bei Problemlösungen weitgehend unbelastet von Interna und Abteilungs-»Politik«. Sie laufen auch weniger Gefahr, unangenehme Problemlösungen auszuklammern.

Berater als probates Mittel ohne Risiko und Nebenwirkungen?

Ganz unabhängig von der Qualität der Berater gibt es dennoch Reibungsverluste: Die Mitarbeiter im Unternehmen fassen das Auftauchen der Externen im eigenen Verantwortungsbereich, und sei es nur zur Bestandsaufnahme, allzu leicht als Kritik oder Bescheinigung eigener Unfähigkeit auf. Das provoziert Widerstand oder führt zur Passivität.

Warum also gehen nicht mehr Unternehmen ihre Probleme selbst an? Oft wird das Potenzial, das in den eigenen Mitarbeitern steckt, unterschätzt. Ein anderer Grund, weniger auf die gemeinsame Arbeit der eigenen Mitarbeiter zu setzen, sind negative Besprechungserfahrungen: Da wird viel um den heißen Brei herumgeredet, werden Sitzungszimmer als Bühne für Selbstdarstellung missbraucht und Privatfehden ausgefochten.

Professionelle interne Moderatoren!

Genau genommen sind es zu einem beträchtlichen Teil »handwerkliche«, also methodische Probleme: Wenn ein Moderator es schafft, eingefahrene und verfahrene Besprechungsrituale zu umgehen und aus dem Werkzeugkasten der Workshop-Methoden die passenden Werkzeuge so anzusetzen, dass das Potenzial der Mitarbeiter voll zum Tragen kommt, werden externe Berater teilweise überflüssig.

Leider hat die Sache einen Haken: Workshop-Moderatoren aus den Reihen der unmittelbar Betroffenen sind wegen der fehlenden Distanz und wegen des Eingebundenseins in Rituale und Machtstrukturen schnell überfordert. Das ist kein Plädoyer für externe Moderatoren. Es gibt gute Erfahrungen mit Mitarbeitern innerhalb der Unternehmen, deren Spezialität die professionelle Leitung von Workshops in verschiedenen Abteilungen ist. Professionalität bedeutet dabei in erster Linie die Beherrschung des Werkzeugkastens der Workshop-Methoden.

Workshops in Veränderungsprozessen

Isolierte Workshops »auf der grünen Wiese« sind schnell ein Problem. Erst die Einbettung in einen Veränderungsprozess lässt Workshops richtig erfolgreich werden. Der Workshop ist nur eine von vielen verschiedenen Maßnahmen, die alle notwendig sind, um zum Ziel zu gelangen. Der Workshop muss dabei zu den anderen Maßnahmen passen. So haben wir Auftraggebern öfter schon einen Workshop zugunsten eines Gesamtprojekts ausgeredet.

Workshop-Dünger

Was ist der Dünger, der Workshops gut gedeihen lässt? Vier Grundbestandteile sollten unabhängig vom Teilnehmerkreis und den Zielen immer vorhanden sein:

- ***Konsequent visualisieren!*** Je mehr Ideen »sprudeln«, je vielfältiger die Sichtweisen, je differenzierter die aufgeworfenen Fragen, umso intensiver wird der Workshop. In dieser Vielfalt gehen leider häufiger als wir annehmen, gute Ideen und wichtige Fragen verloren. Deshalb: Alle Informationen, Ideen, Vorschläge, Einwände schriftlich festhalten!

- ***Teilnehmeraktivierung!*** Der Clou von Workshops ist das gemeinsame Arbeiten. Die Teilnehmer dürfen nicht auf die Idee kommen, sich zurückzulehnen und abzuwarten, was ihnen geboten wird. Lange Grundsatzvorträge, die noch dazu wenig offene Fragen hinterlassen, sind deshalb Gift. Workshop-Methoden sind auf Aktivierung möglichst aller Teilnehmer angelegt.

- ***Positive Atmosphäre!*** Mehr noch als für die alltägliche Arbeit gilt für Workshops: Positive Atmosphäre und ein angenehmes Klima sind Voraussetzung und wenn nicht Motor, so doch Schmiermittel des Erfolgs. Damit erhält alles, was die Atmosphäre beeinflusst, besonderes Gewicht: Teilnehmerzusammensetzung, Vorgespräche, Einladung, das Ambiente bis hin zur Wahl des Mittagessens.

- ***Offene Planung.*** Jeder Moderator tut gut daran, sich einen Fahrplan für den Workshop zurechtzulegen, den er allerdings jederzeit beiseitelegen kann. Nichts engt die Arbeit mehr ein als ein zu starres Konzept, das nicht mehr zum Workshop passt.

Das schaffen Workshops!

Was Workshops oder einzelne Workshop-Teile nebenbei unter anderem bewirken:

- Sachverhalte und Positionen sichtbar machen und pointieren.
- Austausch von Erfahrungen, Meinungen, Forschungsergebnissen, Ideen.
- Meinungsbildung und Konsens vorantreiben.
- Kontakte herstellen. Vertrauen aufbauen und festigen.
- Gemeinsame Erlebnisse schaffen.
- Kommunikation und Kooperation fördern.
- Eingefahrene Verhaltensmuster und Abläufe lockern.
- Konfliktpotenziale bearbeitbar machen.
- Gruppen lockern und entspannen. Teamgeist fördern.
- Kreative Ideen und Strategien aushecken. Lösungen weiterentwickeln.

Ulrich Lipp

Ablaufpläne von Workshops

Aus: Das große Workshop-Buch

Das fertige Schnittmuster für Workshops gibt es nicht. Jeder Workshop braucht seine eigene Dramaturgie. Das darf kein vorgefertigter Fahrplan sein, den der Moderator einzuhalten hat. Die Ablaufpläne in diesem Kapitel sind Schritte von Workshop-Typen, die uns häufiger untergekommen sind.

Ein Standardablauf

Folgender Workshop-Ablauf orientiert sich stark an den klassischen Dramaturgien der Moderationsmethode. Er eignet sich für Fragestellungen, bei denen zuerst möglichst breit Ideen und Beiträge gesammelt werden, um dann einzelne davon zu vertiefen, zu konkretisieren und zu umsetzbaren Maßnahmen weiterzuentwickeln.

Workshop-Beispiel: »Am Montag fängt die Arbeit an.«

Beispiel: Eine Studie der Personalabteilung eines Metall verarbeitenden Unternehmens (Beschläge an Fenstern und Türen) stellt fest, dass unter den Arbeitern am Wochenanfang die Krankheitsrate auffällig hoch ist (»blauer Montag«). Statt »von oben« Maßnahmen zu ergreifen, wird diesmal auf einen Workshop mit den Meistern gesetzt, weil diese als unmittelbare Vorgesetzte einerseits die Problematik genauer kennen und andererseits die Chancen von Maßnahmen realistischer abschätzen können. Ein Workshop unter dem Motto »Am Montag fängt die Arbeit an!« wird geplant. Er soll eineinhalb Tage dauern.

Schritt 1: Vorfeldkontakte. In der Personalabteilung des Unternehmens gibt es eine Mitarbeiterin, die die Vorbereitung und die Moderation des Workshops übernimmt. Sie spricht mit allen elf Meistern, versucht sie für den Workshop und die Zielsetzung zu gewinnen. Das hat in diesem Fall besonders hohe Chancen, da sich die Meister geehrt fühlen, dass die Personalabteilung ihnen die Lösung dieses Problems zutraut und ihre Mitarbeit gefragt ist. Die Mitarbeiterin bittet zudem den Betriebsarzt, einen Kurzvortrag vorzubereiten, in dem das Problem »blauer Montag« im ganzen Betrieb angerissen wird.

Schritt 2: Einfädelphase. Die Moderatorin startet mit einem Blitzlicht mit folgendem Text auf dem Flipchart: »An diesem Tag ging ich besonders gern zur Arbeit, weil ...« Jeder sagt dazu ein bis zwei Sätze der Reihe nach. Es gibt keine Diskussion über die Statements.

Alternativen: Statt des Blitzlichts ist auch eine Punktabfrage denkbar. »Der blaue Montag hat mit dem Betriebsklima zu tun.« Oder: »Wir gingen bisher zu lasch mit den Blaumachern um!« Das wären Statements, zu denen jeder Meister per Klebepunkt auf einem Kontinuum von »Ja, auf alle Fälle« bis »Nein, nie und nimmer« seine Meinung abgeben und im Anschluss auch verbalisieren kann.

Schritt 3: Informationsphase. Ein gemeinsamer Informationsstand wird hergestellt. Dazu hält der Betriebsarzt einen zehnminütigen, gut mit Grafiken visualisierten Vortrag, in dem er das Ausmaß des »blauen Montags« im Vergleich zu den Vorjahren im eigenen Betrieb, aber auch zu anderen Unternehmen darstellt. Er hat die angegebenen Ursachen genauer betrachtet und versucht, in etwa eine Trennungslinie zu den echten Erkrankungen zu ziehen. Zudem berichtet er über das Scheitern eines Versuchs mit strengerer Gangart (Vorladung zum Gespräch mit dem Betriebsarzt).

Alternativen: Denkbar wäre ebenso eine Expertenbefragung, bei der der Betriebsarzt oder ein anderer Spezialist von den Meistern zum Thema »blauer Montag« im Betrieb befragt wird. Wenn die Meister selbst die Problematik gut kennen und den Überblick haben, ließe sich auch mit einer Sammeltechnik (»Deshalb bleiben manche Mitarbeiter am Montag zu Hause«), etwa der Zurufliste, der notwendige gemeinsame Informationsstand herstellen.

Schritt 4: Zielphase (eventuell auch schon vor der Informationsphase). Die Moderatorin kann in dieser Phase versuchen, die Teilnehmer mit gut vorbereiteten Argumenten für das Ziel zu gewinnen: »Wir wollen den Montag im Betrieb attraktiver machen!«

Sie muss aber auch damit rechnen, dass den Meistern dieses Ziel zu eng gefasst ist. Ein umfassenderes Ziel wäre: Wir wollen die Fehlzeiten bei den Arbeitern am Wochenanfang reduzieren. Die Moderatorin darf ihr Ziel dann auf keinen Fall gegen die Meister durchsetzen, weil sie ihren Workshop sonst alleine durchziehen müsste.

Schritt 5: Ideensuche und Ordnung. Wenn die engere Zielsetzung durchgeht, könnte die Fragestellung für die hier gewählte Kartenabfrage lauten: »Wie wird der Montag für alle Mitarbeiter attraktiver?« Die Moderatorin tut gut daran, das als Fragestellung in den Raum zu stellen und die endgültige Formulierung den Meistern zu überlassen. Sie lässt die Teilnehmer zu zweit oder dritt jeweils etwa acht bis zehn Vorschläge auf Karten scheiben und ungeordnet an eine Pinnwand heften. Dann folgt die Phase des Kartenordnens beziehungsweise Clusterns.

Alternativen: Das Ordnen der Karten kostet immer viel Zeit, deshalb wäre hier auch das Rosinenpicken (Auswahl der Rosinen = die besten Ideen aus der ungeordneten Kartensammlung) eine gute Alternative. Statt der Kartenabfrage ließen sich hier auch die Zurufliste oder ein Mind-Map auf Zuruf einsetzen. Denkbar ist auch eine ganz offene Diskussion, wobei die sicher am schwierigsten zu moderieren ist, denn in der Diskussion wird sofort jeder Vorschlag ge- und bewertet. Zu offenen Diskussionen fehlt auch oft eine Visualisierung. Wenn Ideen nicht festgehalten werden, sind die Weiterarbeit und die Vertiefung schwierig.

Schritt 6: Vertiefung. Am Ende der Ideensuche stehen mit Überschriften versehene Cluster (= zusammengeordnete Vorschläge). Eine Wertungsphase mit Klebepunkten (Kennzeichnen Sie bitte die drei Cluster, in denen die aussichtsreichsten Vorschläge stecken, mit je einem Klebepunkt!) ist möglich, aber nicht nötig. Es folgt die Gruppenbildung: Jeder Teilnehmer heftet eine Karte mit seinem Namen zu dem Cluster, an dem er vertiefend weiterarbeiten möchte. Die Moderatorin schreibt nach Rücksprache mit den Teilnehmern den Arbeitsauftrag auf ein Flipchartblatt: Suchen Sie bitte in der Kleingruppe aus den Vorschlägen die Erfolg versprechenden aus! Konkretisieren Sie diese Ideen für unseren Betrieb! Notieren Sie Ihre Arbeitsergebnisse für die Präsentation im Plenum (maximal zehn Minuten) auf einem Plakat. Arbeitszeit: 60 Minuten. Während der Arbeit in den Kleingruppen wird die Moderatorin »rumtigern«, also immer wieder mal nachschauen, vor allem, ob die Meister auch ihre Diskussionsergebnisse festhalten.

Variationen: Noch konkreter wird der Arbeitsauftrag, wenn die Moderatorin ein Fadenkreuz mit vier Quadranten (im Moderationschinesisch auch Szenario genannt) anbietet. Im ersten Quadranten steht: »Konkret sieht das so aus«, im zweiten: »Das wollen wir damit erreichen«, im dritten und vierten: »Aufwand« und »Hindernisse« (siehe Abbildung auf der gegenüberliegenden Seite). Statt Gruppenarbeit wäre auch eine Diskussion einzelner Vorschläge denkbar. Diese Form kostet aber sehr viel Zeit, wenn mehrere Ideen konkretisiert werden sollen. Zudem arbeitet eine Gruppe mit elf Teilnehmern im Plenum eher schwerfällig.

Schritt 7: Präsentation und Diskussion der Ergebnisse. Nacheinander werden alle konkretisierten Vorschläge im Plenum präsentiert und diskutiert. Die Moderatorin achtet darauf, dass alle Ergänzungen, Einwände und offenen Fragen festgehalten werden, am einfachsten auf Karten. Nach Präsentation und Diskussion empfiehlt es sich, die Kleingruppen nochmals kurz tagen zu lassen, um die Ergänzungen usw. aus der Diskussion in ihre Vorschläge einarbeiten zu können. Es ist auch möglich, dass zwei Gruppen ihre Vorschläge zu einem gemeinsamen integrieren.

Alternativen: Statt der üblichen Präsentation ist auch eine Postersession möglich. Die Gruppen haben ihre Arbeitsergebnisse auf weitgehend selbstredenden Plakaten visualisiert. Die Meister gehen nun von Plakat zu Plakat. Die Gruppen erläutern nur auf Nachfrage.

Schritt 8: Bewerten und Entscheiden. Diese Phase ist kaum vorzuplanen, da es sehr stark davon abhängt, wie die Vorschläge letztendlich aussehen. Nehmen wir an, es gibt an dieser Stelle acht konkurrierende Vorschläge (gemeinsames Frühstück auf Firmenkosten um sieben Uhr, späterer Arbeitsbeginn ...), so wird die Moderatorin zunächst in einer Favoritenkür die aussichtsreichsten Ideen herausarbeiten, um diese dann genauer unter die Lupe zu nehmen. Bleiben diese hier genannten Vorschläge als Favoriten übrig, sammelt die Moderatorin auf einer Pinnwand die Argumente, die für diese Vorschläge sprechen. Erst wenn in diesem Verfahren des schriftlichen Argumentierens alle Argumente auf dem Tisch sind, lässt sie die Gruppe abstimmen.

Varianten: Oft entstehen nicht konkurrierende Vorschläge, sondern solche, die sich teilweise in Gesamtkonzepte integrieren lassen oder die parallel nebeneinander zu realisieren sind (zum Beispiel die Idee eines gemeinsamen Frühstücks und die von

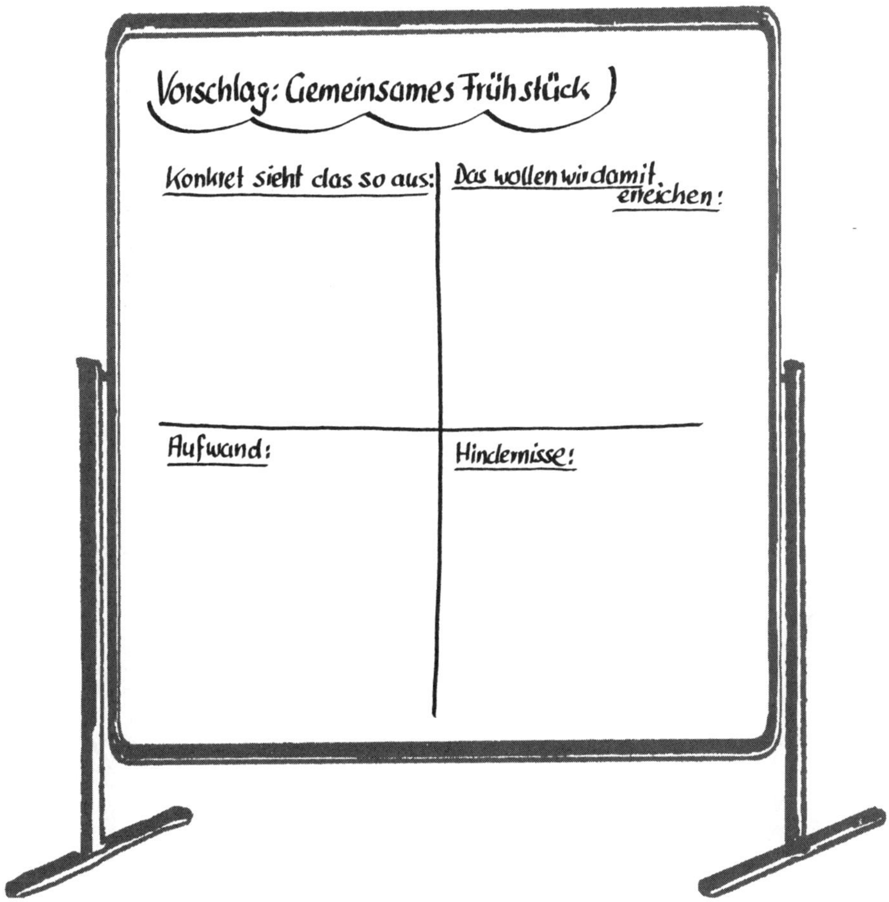

einer Prämie für Mitarbeiter, die montags immer da sind). Das muss vor der Bewertungsphase geprüft werden. Manche Workshops sind an dieser Stelle von der Zeit oder der Entscheidungskompetenz her überfordert. Der Workshop wird dann die Vorschläge für einen attraktiveren Wochenbeginn am Montag nicht auf wenige Favoriten reduzieren, sondern genau dokumentieren und der Unternehmensführung oder der Personalabteilung zur Weiterarbeit übergeben. Nur sollte dieser Schritt von Anfang an in der Zielsetzung vorgesehen sein.

Schritt 9: Maßnahmenkatalog. Im Idealfall wird das Ergebnis der Gruppe so konkret sein, dass es direkt umgesetzt werden kann. Nehmen wir als Beispiel das gemeinsame Frühstück auf Firmenkosten. Die erste Maßnahme könnte in einem Gespräch mit der Kantine bestehen. Neben dem Inhalt (Was ist zu tun?) wird festgehalten, wer das erledigt und bis wann. Dasselbe gilt für die anderen Maßnahmen wie Brief an die Mitarbeiter, Aushang im Betrieb ... Wichtig ist, dass die Teilnehmer festlegen, wer sich um die Kontrolle des Maßnahmenkatalogs oder des Aktionsplans kümmert.

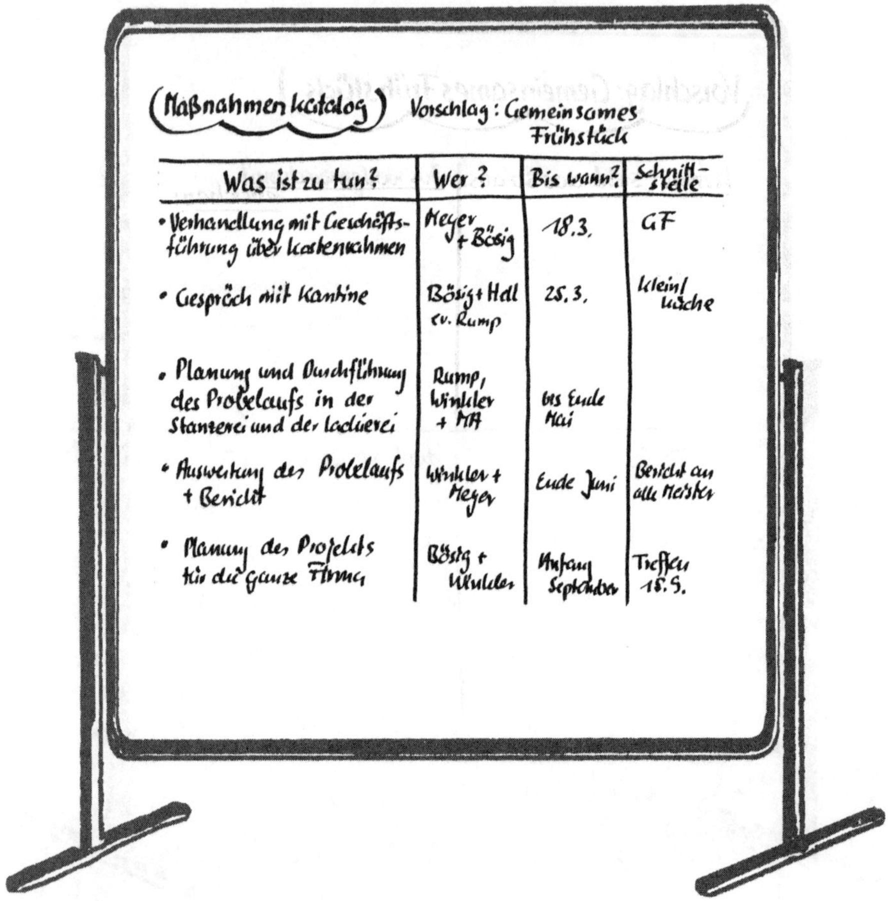

Es gibt keine Alternative zum Maßnahmenkatalog am Ende dieses Workshops, weil sonst nämlich überhaupt nichts passiert. Selbst wenn die Ideen nicht bis zur Umsetzungsreife konkretisiert werden und noch Arbeit nötig ist, geht am Maßnahmenkatalog überhaupt kein Weg vorbei. Er enthält dann eben die nächsten Arbeitsschritte. Wer sich um die nächsten Schritte kümmert und bis wann, muss feststehen.

Schritt 10: Schlusspunkt und Nachsorge. Manch schöner Maßnahmenkatalog schlummert trotz festgelegter Erledigungstermine staubbedeckt und unerledigt in einer Schublade. Das ist ein klassisches Workshop-Risiko. Schon vor dem Schlusspunkt muss daher klar werden, dass die eigentliche Arbeit erst beginnt. Im Beispiel-Workshop spielt die Moderatorin am Ende entgegen aller Schlusseuphorie den »Advocatus Diaboli«: »Morgen überfällt uns der Alltag. Der Maßnahmenkatalog als zusätzliche Arbeit wird hinten angestellt. Termine werden verschoben.«

Die Nachsorge über den Maßnahmenkatalog hinaus wird oft in Händen einer Führungskraft liegen: Was ist nach mehreren Monaten tatsächlich geschehen? Als

Moderator wird man auch ohne ausdrücklichen Auftrag nachfragen, ob die »Kinder«, bei deren Geburt man geholfen hat, gedeihen.

Das Workshop-»Prüfsiegel«

Mit folgenden Fragen wird die Eignung überprüft.

Ist die Bearbeitung der Aufgabe Sache einer Gruppe?
Möglicherweise ist eine einzelne Führungskraft, ein externer Berater, eine andere Abteilung besser als die betroffene Gruppe geeignet, die Aufgabe zu bewältigen oder das Problem zu lösen. Es gibt Führungskräfte, die unbequeme und konfliktträchtige Themen bereitwilligst in Workshops von den Mitarbeitern bearbeiten lassen, obwohl sie das selbst durch wenige, wenn auch unangenehme Entscheidungen viel einfacher bewerkstelligen könnten.

Können die Teilnehmer zusammenarbeiten?
Existiert eine Besprechungskultur, auf der man aufbauen kann? Eine geschickte Moderation wird in solchen Fällen die Zusammenarbeit sehr stark unterstützen. Wenn die Mitarbeiter allerdings nicht gelernt oder es verlernt haben, in der Gruppe zu arbeiten, wird ein Workshop mehr der Teamentwicklung dienen, anstatt mit den gestellten Aufgaben zurande zu kommen. Wir haben auch schon erlebt, dass eine Kooperation wegen zu starker Spezialisierung der einzelnen Teilnehmer (zum Beispiel in Forschungs- und Entwicklungsabteilungen) kaum möglich ist.

Sind die Teilnehmer motiviert?
Dies ist eine äußerst heikle Frage, besonders bei Workshops mit unangenehmen, konfliktträchtigen Aufgabenstellungen. Aber auch hier gilt: Führen weder das Interesse an der Problemlösung noch der Leidensdruck zur Motivation, wird ein Workshop wenig Erfolgsaussichten haben. In Vorgesprächen ist außerdem zu klären, ob die Idee zum Workshop ausschließlich vom Initiator stammt. In diesem Fall ist es wahrscheinlich, dass niemand sonst wirkliches Interesse daran hat. Daher wird auch ein Workshop wenig bringen.

Ist ein sinnvolles Ergebnis realistisch vorstellbar?
Manchmal müssen wir Auftraggebern die geplanten Workshops wieder ausreden, weil die Aufgabenstellung so umfangreich ist, dass sie den Rahmen eines Workshops einfach sprengen würden. Mitunter ist ein Problem so verfahren, dass im Workshop allenfalls etwas »umgerührt« und neu »aufgemischt« wird und die Teilnehmer mit dem weiterhin ungelösten Problem frustriert nach Hause gehen. Sinnlos ist ein Workshop, in dem die nötigen Kompetenzen fehlen. Das sind bisweilen Entscheidungskompetenzen, oft auch die Sachkompetenzen. Auch hier gilt: im Zweifelsfalle lieber keinen Workshop durchführen!

Gibt es sinnvollere Interventionen?
Workshops werden in ihrer Wirksamkeit gern überschätzt. Da wird in zwei, drei Tagen viel Staub aufgewirbelt, ohne dass tatsächlich etwas geschieht. Es ist daher für jeden Einzelfall zu prüfen, ob nicht eine weniger »spektakuläre« Maßnahme sinnvoller ist, etwa eine Beratung für die Führungskräfte, eine Schulung, Organisationsentwicklungsmaßnahmen oder personelle Veränderungen.

Verschiedene Workshop-Typen

Neben diesem ganz allgemeinen Ablauf gibt es Ablaufmuster für verschiedene Workshop-Typen. Auch das sind keine beliebig übertragbaren Muster. Sie können allerdings der Orientierung dienen, wie bei bestimmten Aufgabenstellungen ein Workshop in etwa aussehen könnte.

Problemlöse-Workshop

Workshop-Beispiel: »Schneller zum Flughafen!«

Längere Wege zum neuen Flughafen machen die frühere Fertigstellung der ersten Ausgabe einer Tageszeitung nötig. In einem Workshop treffen sich Mitarbeiter aus der Redaktion, der Druckerei, dem Versand, dem Controlling und ein Geschäftsführer. Der Moderator stammt aus der Personalabteilung.

Definition des Problems. Der Geschäftsführer schildert nach einer Anwärm- und Kennenlernphase das Problem. Er stellt auch die Konsequenzen dar, wenn ein früherer Fertigstellungszeitpunkt nicht erreicht wird.

Zielphase. Worum es geht, wissen alle Teilnehmer. Trotzdem ist auch hier eine Phase der Zielarbeit nötig. Inhaltlich ist das Ziel schnell klar: Vorverlegung der Fertigstellung der ersten Ausgabe um mindestens 45 Minuten. In welchem »Reifegrad« sich das Workshop-Ergebnis befinden sollte, wird heftig diskutiert. Sollen das nur verschiedene Ideen sein oder ein Fix-und-fertig-Plan? Man einigt sich auf einen Entwurf eines Plans, der in den Abteilungen noch diskutiert werden soll.

Analyse der Einflussfaktoren. Es gibt zwar schon eine ganze Menge an Ideen, aber gerade fertige Ideen im Kopf machen oft blind für andere Wege. Deshalb werden im nächsten Schritt alle Einflussfaktoren gesammelt, also alle Schräubchen, an denen man überhaupt drehen kann, um das Problem in den Griff zu bekommen. In unserem Beispiel heißt die Frage (Zurufliste auf Karten): »Welche Faktoren beeinflussen den Fertigstellungszeitpunkt unserer ersten Ausgabe?«

Entwicklung von Problemlösungen. In Kleingruppen (hier wichtig: jeweils bunt gemischt) werden, ausgehend zunächst von den wichtigsten Einflussfaktoren (zum Beispiel Redaktionsschluss, Druckgeschwindigkeit ...), Lösungsvorschläge erarbeitet. Der

Moderator muss in dieser Phase darauf achten, dass sich die Gruppen nicht verselbstständigen. Also wird die Gruppenarbeit – auch wenn das etwas stört – durch kurze Plenumsphasen unterbrochen, in denen die Gruppen über den aktuellen Stand berichten, Anregungen bekommen und geben. Das kann auch dazu führen, dass Gruppen wegen der Nähe ihrer Ideen verschmelzen.

Präsentieren, Bewerten und Entscheiden. In aller Regel gibt es trotz der Kooperation der Gruppen konkurrierende Vorschläge. Der Moderator lässt nach einer intensiven Bewertungsphase die Gruppe entscheiden.

Maßnahmenkatalog. Da in unserem Fall noch kein Fix-und-fertig-Plan entstehen sollte, sondern eine Diskussionsvorlage, wird im Maßnahmenkatalog festgehalten, wer den Plan in den einzelnen Abteilungen vorstellt und wie die Ergebnisse dann weiterbearbeitet werden.

Konfliktlöse-Workshop

Workshop-Beispiel: Konflikt zwischen Führung und Mitarbeitern

Zwei Führungskräfte in einer Abteilung haben Schwierigkeiten mit ihren Mitarbeitern. Diese fühlen sich eingeengt, bevormundet und verlassen die Abteilung relativ häufig. Die beiden lassen sich auf den Vorschlag einer Führungskräfteberatung nicht ein, wohl aber auf einen Workshop (»Das muss doch auszureden sein!«). Ziel: die Kluft zwischen Führungskräften und Mitarbeitern verringern, durch konkrete Vereinbarungen das Arbeitsklima verbessern und langfristig die Fluktuation reduzieren.

Positive Bilanz. Konfliktlöse-Workshops leiden unter den negativen Vorzeichen. Da gibt es in der Regel eine ganze Menge an Wut und Ärger, und das festgemacht an Personen. Deshalb fangen wir mit einer positiven Bilanz an: »Darauf können wir in unserer Abteilung stolz sein ...« (Zurufliste).

Diagnosephase. Nachdem so eine positive Grundstimmung geschaffen ist, geht es an die Konflikte. Der Moderator lässt herausarbeiten, wo es hakt und warum. In unserem Beispiel geschieht das mit einer Kartenabfrage: »Deshalb gibt es in unserer Abteilung so viele Kündigungen.«

Perspektivephase. Bevor an den Ergebnissen weitergearbeitet wird, ist eine Einigung auf grobe Ziele nötig: kurze Diskussion im Plenum. Aus verschiedenen Vorschlägen wird eine Formulierung herausgegriffen: Verbesserung des Arbeitsklimas, damit alle gern in der Abteilung bleiben.

Wünsche und Angebote. Ausgehend von der Kartenabfrage, werden Gruppen gebildet mit dem Auftrag, einen möglichst konkreten Wunschbrief an die Mitarbeiter/Führungskräfte zu erarbeiten und gleichzeitig festzuhalten, was die einzelnen Gruppierungen anzubieten haben, um den Zielen näherzukommen. Es hat sich bewährt, in dieser Phase die »gegnerischen Lager« in den Gruppen nicht zu mischen. In unserem Fall arbeiteten so die beiden Führungskräfte allein zusammen und die Mitarbeiter aufgeteilt in einzelne thematische Gruppen.

Verhandlungsphase. Wenn die Gruppen ihre Wünsche und Angebote im Plenum präsentieren und diskutieren, ist der Moderator gefragt. Seine Aufgabe ist es, immer dann, wenn sich Kompromisse und Einigungen andeuten, nachzuhaken, diese zu konkretisieren und sie, wenn sie »reif« sind, auf der Pinnwand für die Ergebnisse festzuhalten. In unserem Fall ist ein solches Ergebnis der Verzicht auf zu häufige Kontrollen.

Maßnahmenkatalog. Ist die Verhandlungsphase gut gelaufen, ist das Spiel fast schon gewonnen. Oft sind die Ergebnisse nur noch zu konkretisieren, überprüfbar zu machen und mit Erledigungsterminen zu ergänzen. Bei Maßnahmen wie »Reduzierung von Kontrolle« ist das jedoch nicht ganz einfach.

Konzeptions-Workshop

Workshop-Beispiel: Die neue Schulungskonzeption

In der Personalentwicklung eines Unternehmens gab es bisher vor allem drei- bis fünftägige Seminare, die in der Regel in Tagungshotels stattfanden. Nicht nur die enormen Kosten ließen die Skepsis wachsen. Eine interne Studie belegte die geringe Effektivität dieser Veranstaltungen. Ein Workshop der gesamten Personalentwicklung sollte den Grundstein für eine andere Konzeption der Weiterbildung legen.

Aufgabenfeld abstecken. Wo neue Konzeptionen erarbeitet werden, muss klar sein, in welchem Rahmen Veränderungen vorgenommen werden können. Der Moderator tut gut daran, die Eckpfosten möglichst weit außen einschlagen zu lassen. So gewinnt er das weitest mögliche Feld. In unserem Fall sind solche Eckpfeiler, gesetzt vom zuständigen Geschäftsführer, die Beibehaltung der Weiterbildung als Angebot, eine Reduzierung der Kosten für Weiterbildung um zehn Prozent bei möglichst höherer Effektivität gerade der verhaltensorientierten Weiterbildung (Techniken: Minivortrag und Expertenbefragung).

Konzeptionsziele klären. Zuerst werden mit einer Zurufliste mögliche Ziele gesammelt, dann Einigung über favorisierte Ziele hergestellt. Diese Favoriten werden in einer offenen Diskussion präzisiert. Eines der Ziele ist: Steigerung der Effektivität von

Weiterbildung durch Splitten der langen Seminare in halbtägige, maximal eintägige Veranstaltungen. Ein anderes Ziel heißt: Reduzierung des Incentive-Charakters von Weiterbildung durch Verlagerung in den Betrieb.

Konzeptionsinhalte entwickeln. In dieser Phase wird, in Gruppen aufgeteilt, daran gearbeitet, wie die Ziele konkret erreicht werden, wobei der Moderator darauf achten muss, dass die Ziele nicht zu starr als vorgegeben betrachtet werden. Gibt es durch Splitten und Arbeiten im Betrieb tatsächlich effektivere Weiterbildung? Wie könnte das in etwa aussehen?

Bewerten und Verdichten. Die schwierigste Phase dieser Art Workshop beginnt, wenn die Gruppen ihre Ergebnisse präsentieren und miteinander in Verbindung bringen müssen. Einfach aneinandergereiht, passen die Teile selten zusammen, ergeben keine Konzeption aus einem Guss. In unserem Beispiel ist noch eine Arbeit in neu zusammengesetzten Gruppen nötig, die sich ganz gezielt die Nahtstellen vornehmen.

Feststellen der nächsten Schritte. Am Ende des Workshops gibt es noch nicht die fertige Konzeption, sondern einen Berg mehr oder weniger ausgereifter Ideen. Damit daran weitergearbeitet wird, muss der Moderator Aufgaben verbindlich verteilen und weitere Schritte planen.

Entscheidungs-Workshop

Workshop-Beispiel: Was ist der beste Plan?

In einem Automobilunternehmen sind für die Steuerung der Wankstabilisierung, die dafür sorgt, dass das Auto auch in den Kurven waagrecht fährt, verschiedene Pläne entwickelt worden. In einem Workshop, der die Entwickler dieser Pläne mit Vertretern des Fahrversuchs, der Produktion und des Controllings zusammenführt, soll unter den sieben Plänen die Entscheidung für den besten fallen.

Zielarbeit. Die Teilnehmer müssen auf das Ziel eingeschworen werden: Von den sieben Plänen bleibt nur einer übrig, an dem dann alle weiterarbeiten. Jedem Teilnehmer muss klar sein, dass sich nach dem Workshop sein Plan möglicherweise im Papierkorb wiederfindet.

Vorstellung der Alternativen. Schon bei den Vorfeldkontakten werden die »Väter« der verschiedenen Pläne gebeten, eine Kurzpräsentation ihrer Version auf einer Pinnwand vorzubereiten. In einer geführten Postersession geht die Gruppe von Pinnwand zu Pinnwand, die Autoren erläutern ihre Entwürfe.

- ***Entwicklung von Beurteilungskriterien.*** Mithilfe einer Zurufliste auf Karten werden Beurteilungskriterien gesammelt: Sicherheit, Gewicht, Kosten, Platzbedarf der Steuereinheit usw. In der Diskussion werden einzelne Kriterien präzisiert. (Zum Beispiel heißt Sicherheit: Ein Systemausfall in der Kurve darf die Fahreigenschaften nicht beeinträchtigen.) Jeder Teilnehmer bekommt Klebepunkte, um die für ihn wichtigsten Kriterien zu kennzeichnen; durch Häufeln (zwei oder drei Punkte auf ein Kriterium) kann er einzelne Punkte höher gewichten. Das Ergebnis ist eine gemeinsam gewichtete Liste von Beurteilungskriterien.

- ***Bewertungsphase.*** Diese Liste vor Augen, werden zunächst aus den sieben Alternativen Favoriten ausgewählt (Favoritenkür). Drei Varianten bleiben übrig, die in einer Entscheidungsmatrix genauer untersucht werden. Welche Variante ist die sicherste, welche ist kostenmäßig die günstigste, wo wird die geringste Reparaturanfälligkeit erwartet?

- ***Entscheidung.*** Die Entscheidung zwischen den drei Plänen wird durch das Auszählen der Matrix getroffen. Welche Variante ist unter Berücksichtigung des unterschiedlichen Gewichts der Kriterien die beste?

- ***Folgemaßnahmen.*** Entscheidungen schaffen Verlierer, die sich leicht zurückziehen. Dies sollte der Moderator berücksichtigen, wenn ein Maßnahmenkatalog für Folgeaktivitäten erstellt wird. Je mehr »Verlierer« am »Siegerplan« weiterarbeiten, umso besser.

Offene Planung für den Ablauf

Jeder Moderator entwickelt im Lauf der Zeit sein eigenes Rezept und sein spezielles Instrumentarium für die Planung eines Workshops. In den Gesprächen mit Kollegen fiel uns aber über alle individuellen Unterschiede hinweg ein Grundprinzip auf, das für den Erfolg eines Workshops offensichtlich notwendig ist: Der Moderator kommt nicht mit einem fertigen, durchgestylten Fahrplan in den Workshop. Er hat den Anfang zwar vorbereitet, aber wie es weitergeht, ist offen. Der Fahrplan wird dann von Tag zu Tag und manchmal sogar von Stunde zu Stunde geändert. Das macht die Vorbereitung nicht einfacher, sondern im Gegenteil sehr kompliziert und aufwendig.

Ein Seminar oder Training ist dagegen viel einfacher: Da kann ich, entsprechend meinen Lernzielen und angepasst an die Teilnehmer, einen Ablauf in etwa vorplanen und festlegen.

Im Workshop ist der Moderator eigentlich nur »Diener« und Berater der Gruppe, der in jeder Situation erkennen sollte, welche Methode oder welcher Arbeitsschritt der Gruppe bei der Arbeit an ihrer Aufgabe im Moment am meisten nützt. Das erschwert die Arbeit gerade für Anfänger. Mit jedem Workshop gewinnt man aber neue Erfahrung und lernt, bei der Vorbereitung in verschiedenen Szenarien zu denken: An dem Punkt könnte ich jetzt so weitermachen – oder auch ganz anders – oder ich könnte folgende Übung anschließen. In der Praxis ist das weit weniger kompliziert, als sich das anhört.

Für das Planen von Workshops gibt es auch eigene Software, zum Beispiel »Planeasy« von Ulrich Dauscher (www.planeasy.de). Sie leitet die Vorbereitung von der Auftragsklärung bis zur Feinplanung, ohne die eigene Kreativität einzuschränken.

Bausteine entwickeln

Ausgangspunkt der Vorbereitung sind die Workshop-Ziele. Daraus entwickeln wir Bausteine. Offene Planung heißt nicht, dass der Moderator unvorbereitet warten kann, was auf ihn zukommt. Methodisch machen wir das nach Versuchen in tabellarischer Form fast ausschließlich mit Mind-Maps. Sie sind flexibel und im Workshop selbst hat man alles schnell auf einen Blick auf einem Blatt.

In unserem Beispiel war ein zentraler Baustein die *Installierung von Herrn Löffler als Gruppenleiter.* Sein Vortrag und eine Frage-Antwort-Runde als methodische Anmerkungen werden auch gleich im Mind-Map notiert.

Nachdem zwei ganz neue Mitarbeiter dabei waren und drei andere erst wenige Wochen der Firma angehörten, erwogen wir eine Runde »*Persönliches Kennenlernen*«. Einen Baustein zum Ziel Entwicklung des Teamgeists nannten wir »*Miteinander was tun*«. Das Ziel »*Weniger Fluktuation*« begannen wir auf alle Fälle mit einer Ursachenanalyse: Warum ist das so? Methodisch dachten wir an die Kartenabfrage. Als Vorbereitung der Vereinbarungen zur *Reduzierung der Belastungen* und zur Verbesserung des Arbeitsklimas wollten wir die einzelnen Mitarbeiter in ihren Einheiten zusammensetzen und sie »Wunschbriefe« an ihre Vorarbeiter beziehungsweise Chefs schreiben lassen.

Methodische Planung

Die Entwicklung der Bausteine trennen wir im Prinzip nicht von der methodischen Planung. Oft fallen uns zu einem inhaltlichen Baustein auch eine oder mehrere passende Methoden ein.

Die Ursachen für die hohe Fluktuation in unserem Beispiel mit der biotechnischen Produktion ließ sich gut mit einer *Kartenabfrage* auflisten, eine Gewichtung hätte sich anschließen können. Die positive Umkehrung, »Was können wir vereinbaren, um die Leute in der Abteilung zu halten?«, passte für eine *Arbeit in Kleingruppen*. Methodisch ganz andere Zugänge für diesen Baustein wären ein *Rollenspiel* gewesen oder ein paradoxer Zugang … à la Watzlawick: »Was könnten wir tun, um die letzten Mitarbeiter möglichst schnell aus der Abteilung zu vertreiben?« Dafür wäre eine *Zurufliste* geeignet.

Schwieriger als Bausteine, zu denen uns ad hoc mehrere methodische Zugänge einfallen, sind andere, die im Planungs-Mind-Map zunächst als Hauptast ohne Verzweigungen stehen bleiben. In unserem Beispiel-Workshop mit der biotechnischen Produktion war das der Ast »Miteinander etwas tun«. Schließlich überlegten wir, das Plenum dazu nach Zufall in Kleingruppen aufzuteilen und mit Arbeitsaufträgen für 90 Minuten loszuschicken. Die Arbeiten sollten bewusst nichts mit der alltäglichen Arbeit zu tun haben und vor allem Spaß machen. Wir dachten uns zum Beispiel aus:

- Drehen Sie einen kurzen Videoclip, in dem Sie zeigen, wo in Geschäften die Produkte unserer Firma erhältlich sind und wie sie präsentiert werden!
- Bereiten Sie einen Parodie-Abend über unser Unternehmen vor!
- Interviewen Sie die Leute auf der Straße über unsere Branche!

Mit diesem spielerischen Zugang sollten die Teilnehmer erleben, wie lustvoll Kooperation sein kann. Wichtig ist, dass solche methodischen Vorüberlegungen keine Entscheidungen sind. Ob wir das im Workshop dann tatsächlich auch so machen, entscheiden wir kurzfristig.

Die Wahl des Moderators

Bei der Wahl des Moderators gibt es drei ganz unterschiedliche Richtungen, in denen man suchen kann:

Der Chef moderiert selbst. Eine Führungskraft bemerkt, dass die Mitarbeiter mehr und mehr gegeneinander statt miteinander arbeiten. Er setzt einen Workshop an, den er auch selbst leitet. An diesem Beispiel lassen sich Vor- und Nachteile dieser Moderatorenwahl gut zeigen. Der Vorgesetzte kennt seine Leute ganz genau, da braucht er keine langen Vorgespräche. Er steckt inhaltlich ebenso mittendrin. Die Gefahr, dass er im Workshop nicht weiß, worum es geht, ist ausgeschlossen. Aber dieses »Mittendrin« ist genau das Problem dieser Variante, denn vielleicht ist gerade er ja das eigentliche Problem. Anteil daran hat er als Führungskraft auf alle Fälle. Das wird allerdings in einem Workshop unter seiner Leitung nur schwer zu lösen sein.

Der moderierende Chef löst auch sehr schnell die in hierarchischen Strukturen üblichen »Spielchen« aus: Dem werde ich es endlich einmal zeigen! Den lasse ich auflaufen! Da kann ich mich gut profilieren! Nicht selten fehlt Führungskräften neben dem Abstand auch die Erfahrung mit dem Workshop-Werkzeugkasten, da das normalerweise nicht zu ihren Aufgaben gehört.

Fazit: Der selbst den Workshop moderierende Chef ist die schlechteste der Varianten.

Die Wahl fällt auf einen externen Moderator. Er ist in der Regel nicht betriebsblind und bringt den nötigen Abstand mit. Er beherrscht die Workshop-Methoden, hat Erfahrung und dadurch höhere Akzeptanz als der Chef als Moderator. Die fehlende Sachkenntnis ist nur selten wirklich ein Problem, denn der Moderator sollte Spezialist für das Arbeiten im Workshop sein, inhaltlich kennen sich die Teilnehmer aus.

Andererseits gibt es oft Terminprobleme, weil Workshops natürlich sehr kurzfristig durchgeführt werden müssen und die Workshop-Vorbereitung mit den ganzen Vorfeldkontakten für einen externen Moderator zeitintensiv ist. Externe Moderatoren sind auch teurer. Wer als Auftraggeber den Moderator nicht beim Arbeiten selbst schon gesehen hat, sollte Referenzen verlangen und auf alle Fälle darauf achten, dass der Arbeitsstil des Moderators zur Teilnehmergruppe passt.

Der Moderator stammt aus der eigenen Firma oder Organisation, aber aus einer anderen Abteilung. Diese Variante des »internen Externen« setzt sich mehr und mehr durch. Oft stammen diese Moderatoren aus der Personalentwicklung, sind methodisch auf dem neuesten Stand, haben Erfahrung mit Workshops, aber auch Ahnung von der Sache, ohne inhaltlich verstrickt zu sein. Sie kennen zudem den Betrieb, den Arbeitsstil und sind flexibel einsetzbar. Workshops laufen nicht immer nach demselben Strickmuster ab, wenn mehrere Moderatoren sich abwechseln.

Der Moderator lässt sich beraten. Für komplizierte Workshops bleibt dann immer noch die Möglichkeit, sich Rat zu holen. Wir führen Workshop-Beratung durch. Da besprechen wir mit internen Moderatoren die Dramaturgie, planen die Vorlaufphase und geben methodische Tipps.

Moderator – Superstar? – Nein danke!

Er beherrscht alle technischen Finessen und Tricks von der Gruppendynamik bis zur Moderationsmethode, führt Diskussionen mit schlafwandlerischer Sicherheit, hält sich inhaltlich zurück, begleitet die Gruppe durch die halbe Nacht, die zweite Hälfte nutzt er – schlafresistent, wie er ist – zur Umstrukturierung des nächsten Tages, den er wie immer ganz relaxed einleitet, um die müden Teilnehmer zu aktivieren. Er lässt zu keiner Zeit diese nie erlernbare soziale Sensibilität missen, mit der er verständnisvoll, sensibel und alle Fettnäpfchen geschickt umgehend die Gruppe anleitet, dabei aber immer im Hintergund bleibt, die Pausen zur rechten Zeit setzt und genau weiß, wann der Schritt auf die Metaebene nottut. Er ist weder underdressed noch oversexed, nicht übergewichtig, aber ein »gestandenes Mannsbild« (respektive die Superfrau). Er schafft immer eine angenehme und offene Atmosphäre, zeigt dabei aber nie, wenn es ihm selber schlecht geht, schluckt seinen eigenen Frust hinunter, damit er die Gruppe nicht belastet ...
Die Aufzählung ist noch unvollständig, zum Moderator-Superstar gehört noch mehr, aber uns reicht das: Wer jemals versucht hat, eine Liste von Eigenschaften oder Merkmalen des guten Moderators zusammenzustellen, kommt in dieselbe Misere: Im Nu ist das Bild eines Übermenschen und Heiligen gezeichnet, der man selber nicht ist und nicht sein kann.
Wir haben erfahrene Kollegen und Personalentwickler, die oft mit Workshops zu tun haben, gefragt: *Welche Anforderungen sind notwendig und nicht illusorisch?* Vier Elemente wurden immer wieder genannt, die sich auch mit unseren Erfahrungen decken:

- **Methoden-Know-how.** Nicht die Beherrschung jeder technischen Finesse, sondern der sichere und unaufdringliche Umgang mit dem »Werkzeug«.
- **Flexibilität.** Starre Dramaturgien, am grünen Tisch geplant, engen meistens viel zu stark ein. Oft sind Entscheidungen über die beste Methode erst im Workshop selbst sinnvoll, manchmal muss der Moderator einen Ablaufplan von einer Stunde zur anderen über den Haufen werfen.
- **Soziales Fingerspitzengefühl.** zeigt sich im richtigen Gespür dafür, wann straffe Leitung, wann diskreter Rückzug angesagt ist; wann Visualisierung hilft und wann sie bremst ...
- **Ein eigener Stil.** macht den Moderator erst glaubwürdig. Das sind keine aufgesetzten Verhaltensweisen und antrainierten Techniken. Da steht kein Heiliger vor einer Gruppe, sondern ein Mensch mit Stärken und Schwächen, der mit den »Werkzeugen« so umgeht, wie es zu ihm passt und wie es ihm Spaß macht.

Wie kann sich ein Moderator das aneignen? Es ist nur eine Frage der Übung und der Erfahrung. Übung durch Training und Erfahrung durch möglichst viele Einsätze in Workshops.

Die Festlegung des Teilnehmerkreises

Der Teilnehmerkreis eines Workshops macht in der Regel mehr Kopfzerbrechen als der eines Seminars. Wer ist unmittelbar betroffen? Wer ist kompetent? Welche Personen sind als Multiplikatoren oder Unterstützer sinnvollerweise gleich mit einzubeziehen? Gibt es bei einigen Leuten böses Blut, wenn sie nicht eingeladen werden? Welche Konsequenzen hat das?

In unserem Beispiel-Workshop war recht schnell klar, dass eigentlich alle Mitarbeiter der biotechnischen Produktion teilnehmen müssten, gerade auch, weil die Installation des noch neuen Gruppenleiters und die Verbesserung von Kooperation und Arbeitsklima auf der Tagesordnung standen. Nur, das waren zusammen etwa 25 Personen und somit ziemlich viele Teilnehmer für einen Workshop. Da ein Trennungsstrich in dieser Personengruppe aber nicht zu vertreten war und nur für weitere Irritationen gesorgt hätte, wurden alle eingeladen. Wegen dieser großen Gruppe mussten wir dann als Moderatoren zu zweit arbeiten.

Ein häufig diskutiertes Thema unter Workshop-Moderatoren ist die Freiwilligkeit der Teilnahme. Eine prinzipielle Regelung ist hier nicht möglich. Wer gerade bei Konfliktlöse-Workshops die Teilnahme ganz freiwillig macht, läuft Gefahr, ein Tribunal moderieren zu müssen, weil umstrittene Personen leicht »kneifen« und dann die Rolle des nicht anwesenden Sündenbocks spielen, der für alles verantwortlich ist. Natürlich kann man jemanden, der partout nicht will, nicht zwingen, aber sanfter Druck ist bei Workshops wie in dem genannten Beispiel der Biotechnik durchaus angebracht.

Viele Workshops leben von der Freiwilligkeit. Wenn wir eine Veranstaltung »Mit dem Körper lernen« planen, in der Trainer und Moderatoren gemeinsam Spiele und Übungen entwickeln, legen wir Wert darauf, dass Kollegen mit einschlägigen Vorerfahrungen teilnehmen. In diesem Fall muss der Initiator die Teilnehmer gewinnen.

Der Workshop-Gast

Teilnehmer mit einer besonderen Rolle, die auch nicht die ganze Zeit dabei sind, nennen wir Workshop-Gäste. Gute Erfahrungen haben wir mit Geschäftsführern, Vorstandsmitgliedern oder anderen Chefs gemacht, die zum Workshop stoßen. Sie sind dann bei der Präsentation der Ergebnisse des Workshops dabei. Das hat mehrere positive Wirkungen: Das Ergebnis der Veranstaltung wird gleich »hoch aufgehängt«. Anstelle eines langen Weges durch die Hierarchie kann ein Geschäftsführer unmittelbar grünes Licht oder Unterstützung signalisieren, aber auch Einwände vorbringen, die dann noch berücksichtigt werden können. Für die Teilnehmer wird durch die Anwesenheit eines Geschäftsführers der Workshop auf alle Fälle aufgewertet. Der Eindruck der Unverbindlichkeit entsteht viel seltener.

Der Tagungsort

Noch vor der Einladung muss der Tagungsort festgelegt werden. Wer öfter Workshops moderiert, entwickelt im Lauf der Zeit das Idealbild einer Tagungsstätte: so weit von der Firma weg, damit niemand auf die Idee kommt, am Abend Frau beziehungsweise Mann und Kinder zu besuchen, aber trotzdem gut erreichbar. Das Haus sollte im Grünen liegen und auch für die Freizeit etwas bieten. Aber, bitte schön, nicht zu viel, das lenkt wieder ab. Wir träumen von großen, hellen Räumen mit perfekter, aber diskret versteckter Tagungstechnik, vielen kleinen Gruppenräumen, und trotzdem wünschen wir, das Haus wäre so klein, dass wir die einzige Gruppe sind. Dazu kommen die Ansprüche an das Essen, die Zimmer, den Service und auch sonst suchen wir ein ungewöhnliches Ambiente.

Es gibt solche Häuser, aber die sind meist durch Seminare und Trainings auf Monate im Voraus ausgebucht. Workshops sind in der Regel kurzfristige Interventionen, da platzen die Träume vom idealen Tagungshaus schnell wieder. Die Workshop-Realität verlangt Kompromisse und der Moderator muss darauf achten, dass die Rahmenbedingungen nicht allzu sehr stören. In der Firma mit einem mehrtägigen Workshop zu arbeiten ist wegen der vielen Störfaktoren problematisch. Bei Sachfragen geht es notfalls, bei Konflikt-Workshops auf keinen Fall. Freie Zeit und vor allem Abende gemeinsam zu verbringen und sich auch einmal im ganz kleinen Kreis oder zu zweit aussprechen zu können fördert die Konfliktlösung auf alle Fälle. Hier wird oft an der falschen Stelle gespart. Workshop-Teilnehmer, die abends nach Hause fahren, müssen am nächsten Tag mühsam wieder »eingefädelt« werden.

Die Wahl der Tagungsstätte für unseren Workshop mit der biotechnischen Produktion zeigte, dass mit etwas Improvisationsgabe auch kurzfristig eine gute Lösung möglich ist. Nachdem im Umkreis von hundert Kilometern offensichtlich entweder Tagungsräume, aber dann nur zehn Zimmer vorhanden waren oder zwar 30 Betten frei waren, aber die Tagungsmöglichkeit fehlte, buchte die Personalabteilung der Firma in einer 50 Kilometer entfernten Stadt einen Teil der Stadthalle. Platz hatten wir in der Halle mehr als genug und für die Arbeit in kleinen Gruppen gab es eine ganze Reihe von kleineren Räumen – Not macht erfinderisch.

Material

Workshops dürfen keine Materialschlachten werden, doch ohne eine gewisse Grundausstattung fangen wir keinen Workshop an.

Die Grundausstattung

- Filzstifte (fünf dicke, drei davon schwarz, und pro Teilnehmer einen mittleren in Schwarz oder Rot mit einer Strichstärke von etwa einem halben Zentimeter),
- eine Schachtel Wachsmalkreide-Blocks,
- ungefähr 200 Moderationskarten,
- zwei bestückte Nadelkissen,
- zwei Klebestifte und eine Rolle Tesakrepp,
- leere Folien, Folienstifte,
- eine Digitalkamera.

Zusätzlich müssen an der Tagungsstätte unbedingt vorhanden sein:

- mindestens drei Pinnwände oder zwei Pinnwände und ein Flipchart,
- ein Overheadprojektor,
- Pinnwand- und Flipchartpapier (mindestens je 20 Blatt).

Die konsequente Visualisierung ist im Workshop auf alle Fälle nötig und ohne diese Grundausstattung ist sie nicht zu machen. Inzwischen haben alle Tagungsstätten Pinnwände und Flipcharts in ausreichender Anzahl. Auf den frühzeitigen Kontrollanruf verzichten wir aber immer noch nicht.

Die Idealausstattung

Wenn wir unsere Autos vollpacken können, nehmen wir natürlich alles mit, was wir schon einmal gebrauchen konnten oder in einem Workshop vermisst haben.

Wer folgende Liste für einen zweitägigen Workshop für ungefähr zwölf Teilnehmer für übertrieben hält, hat sicher nicht Unrecht. Das Streichen überlassen wir jedem Kollegen selbst. Wir wollen nicht schuld sein, wenn doch was fehlt.

Gerätegrundausstattung

- 6–10 Pinnwände – möglichst viele davon frei beweglich,
- ein bis zwei Flipchartständer,
- mehrere Moderationskoffer beziehungsweise Materialkisten (wir denken da auch an die Gruppenräume) und ein großer Tisch zum Ablegen des Materials,
- Laptop und Beamer.

Zusätzliche Geräte

- Drucker,
- Digitalkamera,
- CD-Player und Musik-CDs,
- Kassettenrekorder und Kassetten für den Anfang und die Pausen,
- Camcorder samt Monitor, wenn man mit Videos arbeitet.

Verbrauchsmaterial

- Etwa 30 Bogen Pinnwandpapier, am besten weiß,
- ungefähr 50 Bogen Flipchartpapier,
- etwa 50 Filzstifte in verschiedenen Farben und Dicken (mit möglichst harmlosen Lösungsmitteln und Nachfüllmöglichkeiten),
- zwei Schachteln Wachsmalkreiden in Blockform (zum großflächig-farbigen Markieren auf Pinnwand oder Flipchart),
- etwa 250 Moderationskarten, farblich gemischt,
- 100 Bogen bunten Karton in A4 und A5 (als Alternative zu den kleinen Moderationskarten),
- 20 Bogen farbigen A3-Karton,
- 25 lange, farbige Kartonstreifen für Pinnwandüberschriften,
- Pinnwandnadeln und zwei Nadelkissen,
- Klebestifte und 1 Rolle wandschonendes Kreppband,
- drei Scheren,
- Notizblocks und Bleistifte,
- Namensschilder.

Unsere Spezialextras:

- Schreibbretter,
- eine Schachtel mit Süßigkeiten, um sie am Anfang als Begrüßung auf die Plätze zu legen,

- Süßigkeiten als »Doping«-Gabe bei schwierigen Gruppenarbeiten,
- eine Packung bunte Smarties zur Einteilung der Gruppen,
- Blechkrokodile, Wundertüten usw. als Belohnungen für Extra-Leistungen, wie zum Beispiel das Protokollschreiben,
- Bälle, Seile, Tücher, Luftballons und andere Utensilien für Spiele und Inszenierungen,
- eine Box »Pin-on-Folie« (Schneidersöhne), eine dank den elektrostatischen Eigenschaften auf jeder Oberfläche (zum Beispiel Wand, Fensterscheibe, Büroschrank oder Zimmertür) selbsthaftende Folie in Flipchartgröße, die mit normalen Filzstiften aber auch mit Wachsmalkreiden beschriftbar ist (für Visualisierungen überall).

Hermann Will

Inputs: Informieren, ohne zu erschlagen

Aus: Das große Workshop-Buch

Es ist gar nicht so einfach: Alle sollen mitreden und mitentscheiden – aber nicht alle wissen in gleicher Weise Bescheid. Gezielte »Inputs« gleichen Wissenslücken aus und bringen alle Teilnehmer auf einen einheitlichen Informationsstand.

Vorabmaterial: Was tun, damit es gelesen wird?

Beispiel: Führen durch Zielvereinbarung

Beschluss von oben: Die Führungskräfte eines Pharmaunternehmens sollen sich in einem Seminar-Workshop-Mix mit »Zielvereinbarung« auseinandersetzen: Philosophie, Voraussetzungen, Erfahrungen und Schritte sind Themen der Veranstaltung. Dann wird es aber konkret: Was müsste ich tun, damit Zielvereinbarungen innerhalb meines Bereichs zum Laufen kommen?

Knapp drei Wochen vor dem Termin finden die Teilnehmer einen zehnseitigen Vorabtext in ihren Fächern mit der Bitte, diesen Text zur Einstimmung zu lesen und gezielt Bestandsaufnahmen durchzuführen. Man hat sich einiges einfallen lassen, damit der Text nicht verloren geht und auch wirklich bearbeitet wird: Ein auffällig knallgelbes Deckblatt hebt ihn aus der Papierflut heraus und gibt ihm auch gleich seinen Namen: »Das gelbe Papier«. Der Text hat viele kurze Kapitel und liest sich leicht und schnell. Illustrationen und Cartoons bringen die Sache auf den Punkt, sind Gedächtnisstützen und lockern auf. Trotzdem rufen die Moderatoren eine Woche vor dem Workshop alle Teilnehmer an: »Haben Sie das gelbe Papier bekommen? Gibt es noch Fragen oder Anregungen zur Veranstaltung und zum Text?« Und dabei betonen sie nochmals die Wichtigkeit des Vorabmaterials und der Bestandsaufnahmen für den Workshop.

Leider klappt die Entlastung des Workshops durch den Vorabversand von Infomaterial nicht immer: Manche Teilnehmer haben die verschickten Papiere gar nicht oder viel zu spät erhalten, andere haben sie kaum gelesen, geschweige denn durchgearbeitet.

Die Fülle von E-Mails haben das Problem noch verschärft: Vorabinfos, die nicht unmittelbar bearbeitet werden müssen, gehen in der E-Mail-Flut leicht unter und werden dann vergessen.

Prüfen Sie daher, ob Vorabmaterial wirklich nötig ist. Wenn ja, dann sind flankierende Maßnahmen unbedingt notwendig, damit es wirklich gelesen wird, insbesondere sind das:

Eindeutige Aufgabenstellung. Den Empfängern muss klar sein, was von ihnen erwartet wird und warum. Sollen sie das Material bis zur Veranstaltung nur durchblättern oder (wie) durcharbeiten? Und vor allem: Welche Bedeutung hat das verschickte Material später im Workshop?

Lesefreundlich: Klare Struktur und Kurzversion. Wenn sich umfangreiche Texte nicht vermeiden lassen, dann müssen diese wenigstens deutlich erkennbar in Kapitel gegliedert sein – am besten mit einer orientierenden Übersicht als Vorspann. Wie wäre es mit einer Zweiteilung: Die ersten beiden Seiten sind komprimierter Unbedingt-lesen-Text – also die Kurzfassung für Chefs und andere Eilige –, die folgenden Seiten ergänzende Detailinformation.

Zusätzlich: Das Gedächtnishilfe-Plakat im Workshop. Selbst nach gründlicher Lektüre haben nicht alle Teilnehmer alle Informationen abrufbar im Kopf. Darum stehen im Workshop eine Gliederung oder die zentralen Aussagen des Vorabmaterials nochmals stichpunktartig auf einer Pinnwand – als Gedächtnisstütze.

Information durch Kurzreferate

Beispiel: Der Landrat als Überraschungsgast

Nach spektakulären Vorfällen im Landkreis hat das Jugendamt Schulleiter, Elternvertreter, Sozialarbeiter, Sprecher einer Initiativgruppe und den Jugendbeauftragten der Polizei zum »Planungsgespräch Jugendarbeit« eingeladen. Themen: Der Stand der Dinge aus den unterschiedlichen Sichtweisen. Wo sind Problempunkte? Wo gibt es Ansatz- und Kooperationsmöglichkeiten? Der Vormittag verläuft trotz der bunt gemischten Gruppe überraschend gut. Niemand vermisst die Begrüßung durch den Landrat. Der hohe Gast kommt dann überraschend am Nachmittag, und noch bevor Moderatorin und Plenum sich so recht versehen, haben sie einen »Wahlkampfredner« am Podium, der den Anwesenden sagt, was sie wie zu tun und zu lassen hätten. Die Lähmung ist perfekt und der Elan des Vormittags verflogen.

»Einleitende Worte« entwickeln sich nur allzu leicht zu erschlagenden Festreden und Grundsatzreferaten und dann bleiben für Moderatoren kaum noch höfliche Möglichkeiten zum Eingreifen. Im Vorfeld hätte man Vereinbarungen treffen können, zum Beispiel über Kernpunkte und Stoßrichtung des Kurzreferats und über eine zeitliche Begrenzung auf maximal fünf Minuten. In der Regel sind zwei oder drei kurze, pointierte Impuls- oder Positionsreferate (jeweils drei bis fünf Minuten) besser als ein langer Vortrag. Gute Startreferate setzen markante Eckpflöcke, lassen aber auch Freiräume zum Weiterdenken. Sie stellen zum Beispiel Thesen oder offene Fragen in den Raum. Damit etwas hängen bleibt, sollten unbedingt die vorhandenen Medien genutzt werden.

Wichtige Informationen und Thesen müssen im Workshop präsent bleiben. Das tun sie nicht, wenn sie nur verbal oder foliengestützt präsentiert werden. Es sollte Sitte werden, dass jeder Infogeber seine Kernaussagen auf einem Plakat mitbringt. Das geschieht alles nicht von selbst: Der planungsverantwortliche Moderator spricht frühzeitig mit jedem Referenten (»Infogeber«) über die Ziele des geplanten Auftritts: Was soll mit dem Kurzreferat genau erreicht werden? Wo sind die Freiräume, Suchrichtungen oder Visionen für die Arbeit im Workshop? Ermutigt das Referat? Was ist schon entschieden und steht im Workshop nicht mehr zur Disposition? Was muss unbedingt gesagt werden und was kann wegbleiben? Geht das in fünf oder notfalls zehn Minuten? Welche Ausstattung und Hilfe braucht der Referent bei der Visualisierung? (Tipps im »Mini-Handbuch: Vortrag und Präsentation«, Will ^{6}2006.)

Postersession und Infomarkt: Information im Plakatformat

Die Information der Teilnehmer erfolgt durch große »Wandzeitungen«. Das braucht spezielle Vorbereitung: Schon frühzeitig bittet der Moderator die »Referenten«, ihre Thesen oder Lösungsvorschläge auf einem oder mehreren großen Plakaten zum Workshop mitzubringen. Wir arbeiten mit Überredungskunst und geben manchmal auch Hilfestellung, denn Postersessions leben von guten Plakaten. Besonders interessant sind Großflächen- beziehungsweise Plankopien.

Die große Postersession für Tagungen

Beispiel: Arbeitssicherheit – Eine Fachtagung einmal etwas anders

Die zweitägige Fachtagung zur Arbeitssicherheit steht wieder an. Die Tagungen der letzten Jahre waren voll gepackt mit Vorträgen. Das war für alle anstrengend und wenig motivierend. Heute läuft das aber anders. Nur noch wenige handverlesene Positionsreferate stehen auf dem Programm. Statt der zahlreichen Kurzvorträge gibt es dieses Jahr eine »Postersession«. Die »Referenten« wurden dafür schon frühzeitig um ein gut gestaltetes, möglichst selbst erklärendes Pinnwandplakat gebeten – anstelle ihres Vortrags. Im Programm des zweiten Tages hat man knapp zwei Stunden für eine Postersession reserviert. An die dreißig großformatige Plakate stehen im Foyer – alles Fachbeiträge zur Arbeitssicherheit. Die Autorinnen und Autoren sind bei ihren Wänden. Wie in einer Gemäldeausstellung spazieren die Tagungsteilnehmer an den Plakaten entlang. Zuerst verschaffen sie sich einen Überblick. Dann lesen sie ausgewählte Poster gründlicher und fragen bei den Plakatautoren nach. Bald gibt es viele lebendige Diskussionen in kleinen und kleinsten Grüppchen.

Neben der großen Postersession für Tagungen gibt es deren »kleine Schwester« – die geführte Mini-Postersession. Streng genommen ist das eine Serie von Kurzpräsentationen mit Plakaten plus Diskussion. Oft kombinieren wir das mit »Schriftlicher Diskussion«. In der Regel reicht die Aufmerksamkeitsspanne des Plenums für maximal fünf Plakatpräsentationen.

»Geführte Mini-Postersession« für Workshops

Beispiel: Vier konkurrierende Alternativen stehen zur Wahl

Im Workshop stehen vier Alternativen zur Diskussion. Auf Anregung der Moderatorin bringen vier Personen (»Autoren«) jeweils ihren Entwurf als Pinnwandposter mit. Nach einer Schaupause und einer kurzen Einführung ins Thema versammelt die Moderatorin das Plenum vor dem ersten Plakat. Dessen Autor erklärt und kommentiert es und beantwortet Verständnisfragen. Diskutiert wird (noch) nicht! Alles, was den Zuhörern jetzt durch den Kopf geht oder auf der Zunge liegt, notieren sie sich auf große gelbe Post-it®-Zettel (10–15 cm) und kleben diese abschließend an die Pinnwand. Dann zieht das Plenum zum nächsten Plakat. Der Ablauf wiederholt sich: wieder eine kurze Plakatpräsentation und Klären von Verständnisfragen. Die Teilnehmer notieren auch diesmal ihre Diskussionsbeiträge, Anregungen und Kritikpunkte. Beim dritten und vierten Plakat die gleiche Prozedur. Erst nach der letzten Präsentation diskutiert das Plenum ausführlich das Für und Wider aller vier Vorschläge und hat dabei immer alle vier Plakate und die angehefteten Karten im Blick.

Der Infomarkt

Beispiel: Infotag für Schulabgänger

Ein Unternehmen will Schulabgänger als Mitarbeiter gewinnen. Man entscheidet sich für einen Infotag. Abschlussschüler und deren Eltern können sich dort aus erster Hand über das Ausbildungsangebot informieren. Konzeption und Gestaltung des Tages liegen bei den Auszubildenden des Unternehmens. Sie haben in Arbeitsgruppen Infostände vorbereitet. Großformatige Abbildungen, Fotos und Schemadarstellungen auf Pinnwänden informieren über die Ausbildung. Maschinen, Modelle und Produkte des Unternehmens ziehen die Aufmerksamkeit auf sich. Bei einem Quizstand über Ausbildungsfragen kann man kleine Überraschungspreise gewinnen, bei einem »Prüfstand« die eigene Geschicklichkeit erproben. Kurze, selbst gedrehte Videospots (Interviews und eine Talk-Show-Parodie) informieren über Tätigkeitsfelder und den Berufsalltag der Azubis. Ein Hauch von Messeatmosphäre liegt in der Luft.

Bei manchen Themen und Veranstaltungen ist mehr möglich und nötig als nur Plakate. Infostände mit Ausstellungsobjekten oder Modellen, mit kurzen Videoeinspielungen, szenischen Darbietungen oder Spielmöglichkeiten ergänzen oder ersetzen die zweidimensionale Darstellung. Postersessions mausern sich zu fantasievollen kleinen Ausstellungen (Sautter 1996), Happenings, zum Lernmarkt oder zum »Markt der Möglichkeiten«.

Echte Infomärkte sind meist eigenständige Informationsveranstaltungen und keine reinrassigen Workshops, denn es wird dort nur selten etwas erarbeitet. Aber als animierender Bestandteil kann ein kleiner Infomarkt Leben in einen Workshop bringen, beispielsweise, wenn Gruppen ihre Arbeitsergebnisse »einmal anders« präsentieren möchten.

Expertenbefragung: Die Gruppe holt sich, was sie braucht

In manche Workshops laden wir Gäste für Informations- und Diskussionsrunden ein. Effektiver als ein langes, schwer steuerbares Referat oder ein zufallsgesteuertes »Kamingespräch« ist dafür eine straff geleitete Frage-Antwort-Runde. Der Workshop-Gast beantwortet einen vorbereiteten Fragenkatalog der Teilnehmer. Diese bekommen dann wirklich das zu hören, was sie wissen möchten.

Beispiel: Projektorientierte Ausbildung – Wie bewährt sich das?

Klausur der Personalabteilung: Projektorientierte Ausbildung steht zur Diskussion. Konzepte gibt es viele – aber wie bewährt sich das in der Praxis? Der Workshop braucht Spezialinformation von außen – möglichst aus erster Hand. Der Moderator hat den Ausbildungsleiter eines anderen Unternehmens als Erfahrungsträger eingeladen. Dort praktiziert man diese Form der Ausbildung bereits. Statt einen Vortrag abzuspulen, stellt sich der Gast für knapp zwei Stunden den gesammelten Fragen der Runde.

Expertenbefragung: Der Standardablauf

Wir halten uns an folgende sechs Ablaufschritte (Schritte 1 bis 3 betreffen die Vorbereitung, Schritte 4 bis 6 die eigentliche Frage-Antwort-Runde):

Schritt 1: Klärung im Vorfeld. Ist der Auftraggeber mit einem Gast von außen einverstanden? Eignet sich der Experte für diese Fragestellung und den Teilnehmerkreis? Was soll mit der Fragerunde erreicht werden? Wann ist der beste Zeitpunkt im Workshop?

Schritt 2: Experten im Vorfeld »einphasen«. Dreierlei muss ihm klargemacht werden: Kein Vortrag! Die Teilnehmerfragen stehen im Mittelpunkt! Reduktion auf das Wesentliche, um in der geplanten Zeit alle Fragen zu beantworten.

Schritt 3: Die Workshop-Teilnehmer sammeln ihre Fragen. Spätestens eine Stunde vor Eintreffen des Gastes – entweder im Plenum oder in kleinen Gruppen. Jede Frage kommt in großer Schrift auf einen DIN-A4-Karton oder einen langen Papierstreifen. Dann hängen alle Fragen an einer Pinnwand. Gut, wenn jetzt noch Zeit bleibt für eine

gemeinsame Endredaktion: Sind alle wichtigen Fragen gestellt? Lassen die Formulierungen konkrete Antworten erwarten? Reicht die vereinbarte Zeit für die Fragen?

Schritt 4: Eröffnung der Fragerunde. Der Experte kommt. Der Moderator stellt ihn vor und erinnert nochmals an die geplante Gesamtdauer und die Regelung mit den Durchschnittszeiten pro Frage (zum Beispiel »durchschnittlich vier Minuten pro Frage«).

Schritt 5: Abarbeiten der Teilnehmerfragen. Der Experte pickt sich die erste Frage heraus und antwortet. Eventuell fragt er nach, um die Frage besser zu verstehen. Der Moderator achtet auf die Zeit und die Reaktionen der Teilnehmer. Sind sie noch bei der Sache? Zu günstigen Zeitpunkten fragt er ins Plenum, ob die Frage im Wesentlichen beantwortet ist. Erledigte Fragen markiert er an der Pinnwand mit einem großen Klebepunkt. Das setzt jeweils den Schlusspunkt pro Karte, erinnert so ganz nebenbei an die vereinbarten Regeln und festigt die Leitungsmacht des Moderators.

Schritt 6: Abschluss der Frage-Antwort-Runde. Eine ganz knappe (!) Zusammenfassung oder ein kurzes Fazit und vor allem ein Dankeschön an alle Beteiligten. Manchmal schreibt ein Teilnehmer die wichtigsten Informationen des Experten mit. Der Moderator fragt am Ende der Expertenbefragung den Schreiber, ob er noch Rückfragen hat.

Der Experte hat das Wort, der Moderator bleibt im Hintergrund

»Hierarchenbefragung«: Chefs als Gast im Workshop

Beispiel: Der Geschäftsführer als Workshop-Gast

Im Workshop des Bereichs »Pharma« sind im Laufe des Tages viele Fragen zur langfristigen Geschäftspolitik aufgetaucht. Damit man nicht die Rechnung ohne den Wirt macht, wollen die Teilnehmer brandaktuelle Information »von oben«. Zudem möchten sie wissen, ob die andiskutierten Lösungsideen Rückendeckung bekämen. Die Moderatoren haben deshalb (schon vorsorglich) den zuständigen Geschäftsführer für den Abend zu einer Frage-Antwort-Runde eingeladen. Beim Abendessen ist die Spannung hoch – wie ehrlich und informativ werden die Antworten ausfallen? Es klappt. Die straff strukturierte Fragerunde dauert fast zwei Stunden. Es folgt noch eine informelle Runde bei Bier, Wein und Mineralwasser. Dann fährt der Workshop-Gast.

Bei dieser Variante der Expertenbefragung geht es nicht so sehr um Expertenwissen. Hochrangige Vorgesetzte oder Entscheidungsträger liefern interessante Hintergrundinformation zur Firmenpolitik, sie werten den Workshop auf und es besteht die Chance, sie in Ziele und Maßnahmen des Workshops einzubinden. Das kann selten schaden.

Expertenbefragung: Häufige Fragen – unsere Antworten

? Was tun, wenn die Teilnehmer zu viele Fragen sammeln?
Wenn Sie es bemerken, bevor alles an der Pinnwand hängt, dann unterbrechen Sie und sprechen das Dilemma an. Die Teilnehmer sollen ihre Fragen nach Dringlichkeit ordnen – pro Gruppe maximal zwei Fragen. Nur diese Karten erster Priorität kommen an die Pinnwand und der Experte geht ausführlich darauf ein. Die übrigen Fragen (zweite Priorität) bleiben bei den Gruppen oder kommen auf eine zweite Pinnwand. Falls am Schluss noch Zeit bleibt, geht der Experte darauf im Schnellverfahren ein.

? Schadet es, wenn der Experte beim Antworten springt?
Nein. Wir lassen dem Gast die Freiheit, mit der Frage seiner Wahl zu starten. Er bestimmt auch die weitere Reihenfolge. Das macht es lebendig und bleibt ohne Nachteil, wenn der Moderator die jeweils erledigten Karten mit einem farbigen Klebepunkt markiert. Trotz aller Wahlfreiheit muss immer klar sein, welche Frage der Gast gerade beantwortet.

? Der Experte hält sich nicht an die vereinbarte Redezeit?
In Zukunft einen anderen Gast einladen! Nutzen Sie eine Sprechpause und weisen Sie darauf hin, dass die restlichen Fragen der Anwesenden unter den Tisch fallen würden. Die Teilnehmer sollen jeweils entscheiden, ob ihnen die Antwort reicht – in Anbetracht der anderen Fragen. Wenn Sie es gut inszenieren, entwickeln sich Ihre gezückten Klebepunkte als Schlusssignal. Nur wenn die Befragung ganz unerwartete Dimensionen annimmt – und das Plenum zustimmt –, wird man den Zeitplan über den Haufen werfen. Sie wollen ja nicht den Orden für perfektes Zeitmanagement, sondern Info-Input für Ihren Workshop.

? Was kann man für das Auge tun?
Visualisierung von Anfang an einplanen! Flipchart, Pinnwand und Filzstifte in Reichweite platzieren. Den Experten zu Handskizzen animieren. Für alle Fälle haben Sie auch einen Overheadprojektor im Raum – aber Vorsicht, es soll keine Folienschlacht geben.

? Was sind »Pils-Fragen«?
Das sind wichtige und komplexe Fragen, die sich im straffen Zeittakt der Expertenbefragung nur ansatzweise beantworten lassen und über die man eigentlich ausführlich diskutieren müsste. Das tut man am besten anschließend bei einem frisch gezapften Pils.

? Gibt es kritische Signale?
Ja. Wir werden zum Beispiel hellhörig, wenn der Gast sagt: »Da muss ich mal ein bisschen ausholen.« Natürlich beobachten wir auch die Teilnehmer: Wie reagieren sie auf die Antworten des Workshop-Gastes?

? Der eingeladene Vorgesetzte weicht den Fragen aus!
Der falsche Gast? Oder die Fragen waren taktisch unklug gewählt. Bitten Sie um eine persönliche Meinung – statt einer offiziellen Verlautbarung, die er vielleicht nicht geben kann oder darf. Mobilisieren Sie das Plenum. Es soll entscheiden, ob die Antwort den Kern der Frage trifft. Oder Sie fragen, was in Kurzform im Protokoll stehen soll.

? Wie lange soll eine Fragerunde dauern?
Ein bis maximal zwei Stunden für die Fragerunde einplanen und eventuell eine kurze Pause zur Halbzeit anbieten.

? Gibt es die optimale Durchschnittszeit pro Frage?
Weniger als drei Minuten pro Frage sind zu wenig, mehr als fünf Minuten (im Durchschnitt) sind meist zu viel. Für Ihre Planung brauchen Sie frühzeitig die Zahl aller Fragen erster Priorität. Der Rest ist ein Rechenexempel. Zum Beispiel: 90 Minuten sind veranschlagt, 20 Fragen gesammelt. Mit etwas Pufferzeit für Anfang und Ende ergibt das durchschnittlich vier Minuten pro Frage. Diese Zeitregelung lassen Sie sich zu Beginn der Runde nochmals von allen absegnen.

? Wie steht es mit dem Protokoll der Expertenaussagen?
Oft ist es sinnvoll, Kernaussagen der Gäste festzuhalten (zum Beispiel als Folienprotokoll). Wenn allerdings »Firmenhierarchen« ein Protokoll wittern, dann fallen ihre Antworten oft diffus aus. Da kann es sinnvoll sein, sie um persönliche Stellungnahmen oder eine Hypothese zu bitten, und das ohne Dokumentation.

? Das klingt ja alles ganz einfach, warum erklären Sie das so ausführlich?
Das Grundprinzip der Expertenbefragung ist einfach, aber der Teufel steckt im Detail: Das Sammeln der Fragen muss zum Laufen kommen und die richtigen Fragen müssen aufs Tablett. Gruppe und Workshop-Gast sind freundlich, aber bestimmt zu steuern, denn innerhalb von knapp zwei Stunden sollen alle Fragen ausreichend beantwortet sein – ohne erkennbaren Zeitdruck. Das ist Arbeit.

Hermann Will

Diskussionsformen für Workshops

Aus: Das große Workshop-Buch

Workshops leben vom Austausch und Informationsfluss. Die Diskussion im Plenum ist dafür eine traditionelle Methode. Damit sich Diskussionen nicht endlos hinziehen oder immer nur dieselben dasselbe sagen, braucht es klare Ziele, fest umrissene Fragestellungen, straffe Leitung und einige »Spezialwerkzeuge«.

Drei Phasen der Diskussion

Beispiel: Das neue Marketingkonzept

Das Leitungsteam tüftelt am Marketingkonzept für die nächsten zwei Geschäftsjahre. In den letzten Monaten wurde (zu) viel mit Kärtchen und »Metaplan« gearbeitet. Eine ansteckende Kartenallergie hat sich breit gemacht: »Können wir nicht mal ganz normal reden?«, tönt es aus der Runde. Die Moderatorin ist anfangs skeptisch. Diskussionen haben Risiken: Sie ziehen sich hin, Ideen werden zerredet und gehen verloren und die bekannten Wortführer dominieren. Aber die Gruppe meint, das sei zu schaffen. Man einigt sich auf eine Stunde Testlauf.

Im skizzierten Beispiel war das Diskussionsexperiment erfolgreich. Aber das hatte Gründe: Erstens war es ein Wunsch der Gruppe, diese akzeptiert dann eher Längen und Hänger im Verfahren. Zweitens ist die Diskussion nicht formlos und unstrukturiert. Die Moderatorin hatte das Thema in vier Hauptpunkte geteilt. Am Ende jedes Teilaspekts gab es eine Zusammenfassung. Drittens war die Moderatorin eine geschickte Diskussionsleiterin. Sie erteilte das Wort nicht nur der Reihe nach, sondern achtete auf inhaltliche Passung. Langredner stoppte sie geschickt.

Die Aufgaben der Gesprächsleitung werden deutlicher, wenn man folgende drei Phasen der Diskussion unterscheidet:

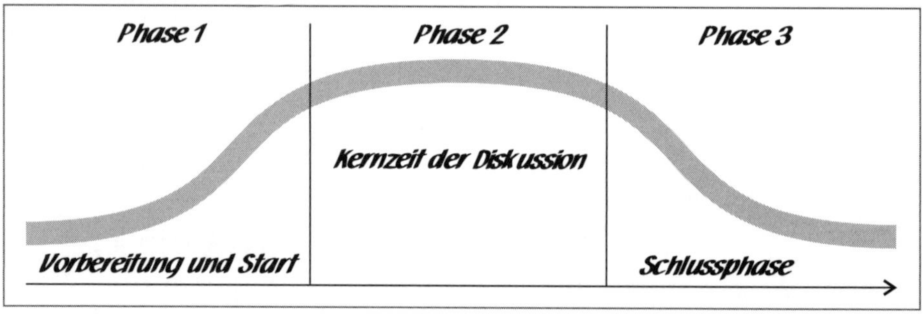

Moderationsaufgaben in der Vorbereitungs- und Startphase?

Stimmen Rahmenbedingungen und Atmosphäre? Diskutieren die richtigen Leute? Macht es Spaß, in diesem Raum zu diskutieren? Unterstützt oder behindert die Sitzordnung das Gespräch? Wichtig: auch Positives auf den Tisch bringen. Nach Möglichkeit eine »Wir-können-es-schaffen-Atmosphäre« aufbauen!

Themen und Ziele präzisieren. Welches Thema steht an und wie heißt es genau? Ist das Thema positiv und konstruktiv formuliert – und zwar so, dass es nicht schon von Anfang an einzelne Teilnehmer rauswirft? Komplexe Themen sollten unbedingt in Unterthemen zerlegt werden. Womit beginnen? Welche Ziele sind für diese Diskussion realistisch (zum Beispiel nur Meinungsaustausch oder auch Entscheidung)?

Spielregeln klären und vereinbaren. Zeitlimit: Wie lange diskutieren wir heute? Vereinbaren, ob die Redezeit pro Beitrag begrenzt werden soll. Braucht es eine Rednerliste für die Reihenfolge der Beiträge? Eventuell eine Diskussion nach dem Strickmuster des Brainstormings vorschlagen: zuerst gemeinsam per Diskussion kreative Ideen entwickeln und aufpäppeln und erst im zweiten Schritt mit der Kritik loslegen?

Moderationsaufgaben in der Kernzeit der Diskussion?

Vereinbarte Diskussionsregeln einhalten. Besonders anfangs muss streng auf Themen-, Ziel- und Zeitorientierung geachtet werden. Freundlich, aber bestimmt gegensteuern, wenn die vereinbarten Spielregeln unterzugehen drohen. Blickkontakt halten, namentlich ansprechen, unterbrechen, an die Regeln erinnern.

Strukturieren, vermitteln, unterstützen. Schlüsselworte wiederholen, zusammenfassen, heterogene Diskussionsbeiträge auf den Punkt bringen oder deren Verbindungslinien und Gemeinsamkeiten hervorheben. Den roten Faden hochhalten. An vergessene Teilthemen und Argumente erinnern. Neue Perspektiven ins Gespräch bringen.

Optisch unterstützen und mitvisualisieren. Ausgangsfragen, Zwischenpositionen und Ergebnisse stichpunktartig auf der Pinnwand festhalten.

Moderationsaufgaben in der Schlussphase der Diskussion?

Schluss- und Landepunkte anpeilen. Nicht so lange diskutieren, bis sich die erschöpften Teilnehmer auf irgendetwas einigen – nur damit endlich Schluss ist. Auf unterschwellige Schlusssignale achten. Testweise Versuchsballons für das Diskussionsende steigen lassen – vielleicht herrscht schon Einigkeit und es sind nur Details zu klären.

Ergebnissicherung. Das Diskussionsergebnis zusammenfassen und offene Fragen oder Themen festhalten. Nachfragen, ob das von allen so gesehen wird. Konsequenzen, Folgeaktivitäten oder den nächsten Schritt vereinbaren. Die Visualisierung oder Dokumentation aktualisieren und abschließen.

Emotionalen Schlusspunkt setzen. Das Ergebnis der Gesprächsrunde würdigen. Für die konstruktive Diskussion und das Einhalten der Regeln bedanken.

Diskussion: Häufige Fragen – unsere Antworten

? **Die Gruppe und ich haben den roten Faden verloren. Was kann ich als Moderatorin tun?** Klären Sie, ob die Ausgangsfrage und die ursprünglichen Ziele der Diskussion noch aktuell sind – vielleicht sieht die Welt inzwischen ganz anders aus. Dann mit neuer Zielrichtung nochmals starten. Die Diskussion durch eine Rednerliste, durch Begrenzung der Redezeit oder stichpunktartiges Mitvisualisieren stärker strukturieren.

? **Die Teilnehmer kommen sich sachlich in die Wolle. Soll ich einschreiten?** Wenn Teilnehmer nur um Inhalte streiten, dann ist es noch relativ harmlos. Sprechen Sie die Gegensätze an und halten Sie diese stichpunktartig fest. Wir markieren den strittigen Sachverhalt gerne mit einem roten »Konfliktblitz«. Die Gegensätze sind damit anerkannt und festgehalten, ohne sie auszudiskutieren. Problematischer ist es, wenn es nur vordergründig um Sachverhalte geht, in Wirklichkeit aber um persönlich-emotionalen Streit, der sich mit dem Inhalt vermischt.

? **Einzelne Teilnehmer greifen sich persönlich an. Was mache ich dann?** Persönliche Angriffe zwischen den Teilnehmern auf alle Fälle unterbinden. Oft geht es dabei um länger bestehende Rivalitäten und Verletzungen, also um »alte Leichen im Keller«. Diese können Sie in der Diskussion aber auch nicht so nebenbei mit Anstand beerdigen. Eine allgemein gültige Ideallösung gibt es nicht. Oft versuchen wir, wieder auf die Sachebene zu kommen, und verkneifen uns psychologische Kommentierungen – aber wir denken uns unseren Teil. Bitten Sie um die Wahrung der Form – Gentlemen! Manchmal glättet eine inhaltliche (!) Zusammenfassung der Positionen die Wogen und leitet zum nächsten Thema über.

? **Wenn die Diskussion schief läuft, darf ich dann zu anderen Methoden wechseln?** Natürlich. Sie wollen ja nicht um jeden Preis die freie Diskussion im Plenum zelebrieren, sondern ein Ziel erreichen. Nicht umsonst wurden Kartenabfrage, Zurufliste, Expertenbefragung usw. als besser steuerbare Methoden entwickelt. Oft teilen wir dann das Plenum auf und arbeiten in kleinen Untergruppen.

? **Darf eine Diskussion scheitern?** Sie soll nicht, aber sie darf! Stellen Sie gemeinsam das Scheitern der Diskussion fest und suchen Sie nach Ursachen und Gründen. Nicht immer ist dann alles verloren. Oft sind gescheiterte Diskussionen Basis für einen Neuanfang – mit präziserem Thema, realistischeren Zielen, strafferer Diskussionsleitung oder mit einer anderen Methode.

Mitvisualisieren in der Diskussion

Alle denken, alles sei sonnenklar, aber dann hat doch jeder etwas anderes gehört und verstanden. Mitvisualisieren (Mivi) schafft da Abhilfe – übrigens auch, wenn die Diskussion aus dem Ruder zu laufen droht. Mehrere Formen der Visualisierung eignen sich für Gesprächsrunden: Zurufliste, und Simultanprotokoll. Es folgt ein Beispiel zum Mitvisualisieren per Mind-Map.

Beispiel: Mind-Map als »Nebelhilfe«

Neun Personen einer Workshop-Gruppe diskutieren schon fast eine Stunde lang, wie man kurze Videomitschnitte oder Videoszenen in Trainings und Workshops reportageartig verwenden könnte. Irgendwie hat man den roten Faden verloren. Da rafft sich eine Teilnehmerin auf und greift zu Filzstiften. Sie versucht die bisherigen Redebeiträge auf der Pinnwand zu rekonstruieren. Die übrigen Gruppenmitglieder helfen mit beim rückblickenden Sortier- und Ordnungsversuch. Und siehe da, das Durcheinander lässt sich doch zu Themengruppen ordnen. Jetzt fällt es wieder leichter, neue Gedanken zu entwickeln, die man dann schrittweise ins Mind-Map einfügt.

Redezeitbegrenzungen und Signale

Probieren Sie es mit einer Zeitbegrenzung pro Redebeitrag, zum Beispiel maximal ein oder zwei Minuten. Bei größeren Veranstaltungen helfen da Lichtsignale. Beim Ablauf der vereinbarten Redezeit schaltet der Moderator per Fußschalter eine Tischlampe ein: Die »Zeitgrenze« leuchtet für alle sichtbar. Solche Regelungen müssen schon zu Beginn der Diskussion begründet, erklärt und akzeptiert sein – andernfalls gibt es Zunder.

In eine ähnliche Richtung gehen farbige Signalkarten, die jeder Teilnehmer am Platz liegen hat. Die gelbe Karte bedeutet: »Wortmeldung«. Rot signalisiert: »Sofortiger Widerspruch«. Grün bedeutet: »Zustimmung«. Workshop-Teilnehmer, die im Verlauf der Diskussion den Eindruck haben, jetzt sei eine gelbe oder rote Karte fällig, heben diese hoch. Der Moderator fragt nach und klärt, wie es weitergehen soll. Natürlich diskutiert man dann nicht stundenlang, ob man weiterdiskutieren soll.

Pro-Kontra- und Pro-Pro-Diskussion

Für spezielle Anlässe haben Moderatoren deutlicher strukturierende Diskussionsformen im Werkzeugkoffer. Diese geben Perspektiven und Schemata vor, unter denen diskutiert wird. Oft geschieht das im Vorfeld von Bewertung und Entscheidung.

Trüffelschweine und Geier in der Pro-Kontra-Diskussion

Beispiel: Weitermachen oder neues Verlagskonzept?

Für einen renommierten Buchverlag stehen Neuerungen ins Haus: Soll man eine neue Sparte beziehungsweise Tochterfirma gründen oder sich im bewährten Bereich konsolidieren? Meinungsbildung und Diskussion dauern schon lange, zu viel spricht dagegen und dafür. Um die Sache auf den Punkt zu bringen, bildet der Moderator zwei gleich große Zufallsgruppen (jede gemischt aus den verschiedenen Abteilungen). Eine Gruppe (die Befürworter, »Schutzengel« oder »Trüffelschweine«) hat den Auftrag, alle Pro-Argumente zu sammeln, die für die Neuerung sprechen. Die andere Gruppe (»die Aasgeier«) sammelt ausschließlich Kontra-Argumente zum neuen Konzept – so viele wie möglich.

Nach knapp einer Stunde Arbeitszeit schickt jede Gruppe zwei Vertreter auf das Podium (jede Gruppe bringt eine Pinnwand mit ihren wichtigsten Argumenten mit).

Die Leitung der nun folgenden »Pro-Kontra-Podiumsdiskussion« (maximal 30 Minuten) liegt beim Moderator. Damit der Ablauf sonnenklar ist und beide Seiten gleiche Chancen haben, wurde ganz zu Beginn ein Ablaufschema auf einer Pinnwand erklärt (s. gegenüberliegende Seite):

Dieser Ablauf sieht recht formalistisch aus, hat aber Vorteile: Die Argumente für jede Position treten besonders deutlich hervor. Wer die Gruppen durch Zufall bildet oder absichtsvoll Gegner und Befürworter mischt, baut bereits dort Zündstoff ab – das entlastet das Plenum. Die »Aasgeier« handeln im Schutz der Spielregel: »Wir wollen niemandem Böses antun, sondern haben einen speziellen Suchauftrag.« Das vermeidet zusätzliche Frontenbildung. Schließlich sollen die Teilnehmer auch später noch zusammenarbeiten.

Damit sich die Gruppen schnell in ihre Rollen einfinden, geben wir ihnen Kärtchen mit ihrer Aufgabenstellung mit. Je nach Arbeitsatmosphäre steht dann entweder »Pro«, »Schutzengel« oder »Trüffelschwein« drauf beziehungsweise »Kontra«, »Geier« oder »Aasgeier«. Bei großer Teilnehmerzahl bilden wir jeweils zwei Pro- und Kontra-Gruppen. Jede von ihnen schickt dann einen Vertreter auf das Podium.

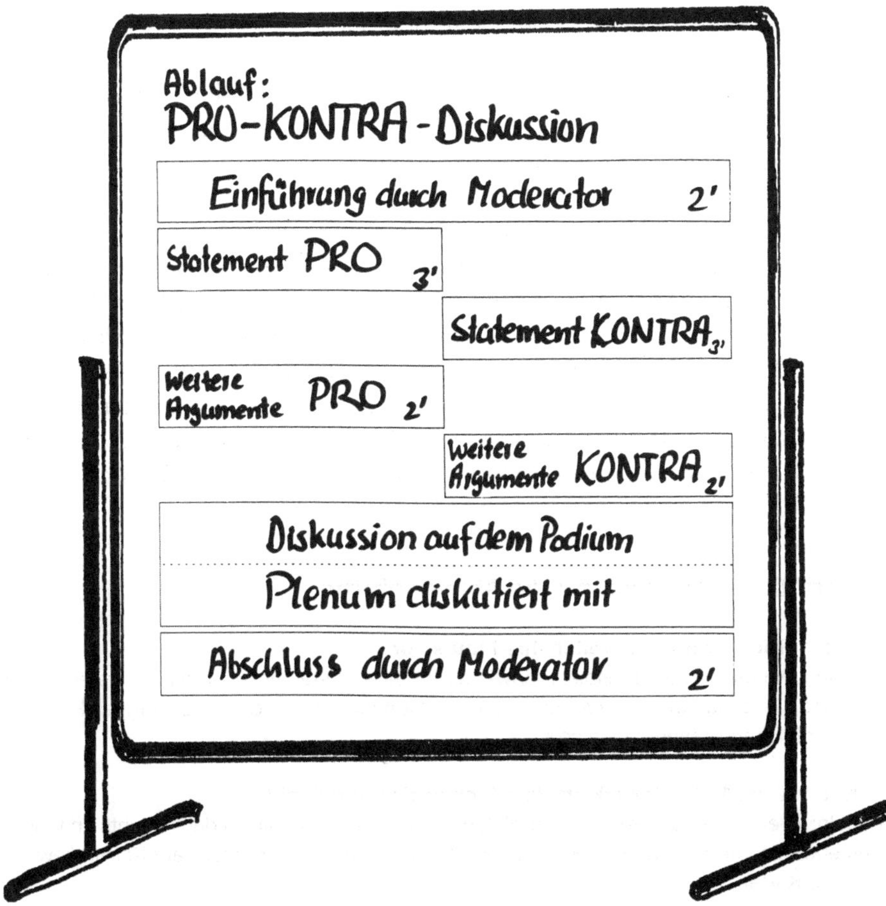

Pro-Kontra ist nicht neu. Die katholische Kirche praktiziert dies schon lange: Heiligsprechungen werden in Rom vor einem speziellen Kirchengericht verhandelt. Der Advocatus Diaboli trägt dort (als Vertreter des Teufels) alle Negativpunkte aus dem Leben der potenziellen Heiligen vor und alle sonstigen Argumente gegen eine Heiligsprechung. Der Advocatus Dei sammelt die Pluspunkte und hält sein Plädoyer.

Pro-Pro-Diskussion als konstruktive Variante

»Pro« und »Kontra« wiederholt bei manchen Themen nur Argumente mit umgedrehten Vorzeichen und die Kontras hinterlassen leicht emotionale Wunden. Bei der Pro-Pro-Diskussion ist das anders: Die erste Gruppe sammelt alle Argumente »pro« Lösungsidee A. Die zweite trägt alles zusammen, was »pro« Lösungsidee B spricht. Eine dritte Gruppe sammelt alle Argumente »pro« Lösung C. Damit stehen mehrere Lösungswege vergleichend zur Diskussion und man konzentriert sich jeweils auf die konstruktiven Pro-Aspekte – statt sich bei Kontras festzubeißen.

Beispiel: Vereinheitlichung in der Dokumentation

Ausgangssituation: Die Dokumentationsabteilungen zweier bisher weitgehend eigenständiger Tochterunternehmen werden zusammengefasst. Das macht nicht nur emotionale Probleme: Im Lauf der Jahre haben sich in beiden Unternehmen unterschiedliche Lösungswege hinsichtlich der Dokumentation entwickelt.

Der erste gemeinsame Workshop soll die Vereinheitlichung vorantreiben. Die wichtigsten Unterschiede kommen jeweils einzeln aufs Tablett: Lassen sie sich zusammenführen? Wenn nein, welche Lösung wird gemeinsamer Standard? Das läuft letztendlich auf den Vergleich bestehender Verfahren hinaus: Wo liegen jeweils ihre Stärken, wo gibt es Schwächen und wo lassen sich Entwicklungspotenziale feststellen? Damit sich in der angespannten Situation nicht noch mehr Gräben vertiefen, kommen alle Unterschiede per Pro-Pro-Diskussion auf den Prüfstand. Kleine Vierergruppen – jeweils zwei Personen aus einem Unternehmen – sammeln jeweils alle Pros zu einer Lösung.

»Schriftliche Diskussion«: die Ablaufschritte

Schritt 1: Die »Autoren« bereiten ihre Inputs vor
Vor dem Workshop zum Beispiel Pinnwände für eine Postersession oder Kurzreferate, im Workshop sind das oft die Ergebnisse von Gruppenarbeit. Auf dem Plakat muss Platz für die schriftlichen Anmerkungen sein.

Schritt 2: Der Moderator erklärt Vorgehensweise und Funktion
Regeln: Zuerst alles anhören, erst am Schluss diskutieren. Damit bis dahin nichts an Ideen, Anmerkungen und Beiträgen verloren geht, kommt alles »zu Protokoll« auf Karten (jeweils auf eine Karte).

Schritt 3: Nun gibt es den Input
Manche Teilnehmer notieren bereits jetzt ihre Anmerkungen mit Filzstift auf ovalen Karten oder Haftnotiz-Klebezetteln (tesa®-Notes 10 – 15 cm).

Schritt 4: Fragen klären
Reine Sachverhalts- oder Verständnisfragen zum Input werden gleich vorgebracht und kurz beantwortet.

Schritt 5: Alles, was darüber hinausgeht, kommt auf Karten
In manchen Workshops bitten wir die Teilnehmer, ihre Karten jeweils mit Namenskürzel zu versehen. Ein Teil der Diskussion kann dann außerhalb des Plenums unter vier Augen erfolgen.

Schritt 6: »Eierlegen«
Die Teilnehmer nadeln ihre ovalen Karten oder Klebezettel möglichst nahe an die thematisch passende Stelle der Pinnwand (= »Eierlegen«).

Schritt 7: Der nächste Input folgt
Die Prozedur mit den Karten wiederholt sich.

Schritt 8: »Heiße Karten« bestimmen
Nach dem letzten Durchgang kommt die entscheidende Frage: Welche der Karten sind jetzt noch »heiß« und stehen zur Diskussion an? Diese Karten werden nun markiert.

Schritt 9: Diskussion der verbleibenden Beiträge
Diese ausgewählten Karten mit aktuellem Diskussionsbedarf diskutiert man nun ausführlich im Plenum.

»Schriftliche Diskussion«: Häufige Fragen – unsere Antworten

- ? **Wollen nicht alle Workshop-Teilnehmer am Schluss »ihre« Karten diskutieren – dann wäre nichts gewonnen?** Schon möglich, aber wir haben andere Erfahrungen. Üblicherweise klären sich viele Beiträge durch die folgenden Inputs oder sie erweisen sich rückblickend als Randthemen.
- ? **Erhöht das Annadeln der Karten auf den jeweiligen Plakaten nicht die Konkurrenzsituation?** Ja, möglicherweise. Wenn Sie die Rivalität zwischen Alternativvorschlägen bewusst niedrig halten wollen, dann lassen Sie alle Karten auf einer neutralen Extra-Pinnwand annadeln. Dort stehen dann alle Diskussionsthemen gebündelt – ohne direkt ersichtlichen Bezug zum jeweiligen Plakat.
- ? **Wie bekommt man heraus, welche Beiträge am Schluss noch »heiß« und diskussionsbedürftig sind?** Wir bitten die Teilnehmer – über alle Plakate hinweg –, nur noch die Karten auszuwählen, die »jetzt unbedingt diskutiert werden müssen«. Wenn es wenig formalisiert zugeht, dann dreht jeder die Karten mit Diskussionsbedarf senkrecht. Die Alternative: Wir verteilen Klebepunkte. Karten erster Priorität bekommen einen ganzen Punkt. Auf wichtige Karten zweiter Priorität kommt ein halber Punkt. Der Großteil der übrigen Karten geht leer aus. Die Diskussion startet mit den meistgepunkteten Karten.
- ? **Geht es auch ohne Kärtchen?** Ja. Manchmal nehmen wir große Haftnotizzettel. Oder wir lassen direkt auf die Plakate schreiben, das gibt ein »kommentiertes Kritzelplakat« beziehungsweise eine »Wandzeitung«. Aber Vorsicht: Manche Plakatautoren reagieren empfindlich, wenn andere auf ihrem Poster herumkritzeln.
- ? **Das mit den Kärtchen ist ja ganz nett. Gibt es aber nicht ein Durcheinander, wenn schon auf dem Input-Plakat Kärtchen waren?** Auf einen Blick muss sichtbar sein, was ursprüngliches Plakat und was schriftliche Ergänzung ist. Wenn schon rechteckige Karten auf dem Poster waren, dann nimmt man ovale für die schriftliche Diskussion oder schneidet rechteckigen zur Unterscheidung ein »Ohr« ab.

Ulrich Lipp, Hermann Will

Methoden, die zum Einsatz kommen

Aus: Das große Workshop-Buch

Es gibt neben der Kartenabfrage auch andere in Workshops bewährte Sammeltechniken: Zuruflisten, das Blitzlicht und Mind-Mapping. Natürlich taugt nicht jede Technik gleichermaßen für jede Fragestellung, aber darin besteht eben die »handwerkliche Geschicklichkeit« eines Moderators, aus dem Werkzeugkasten die passende Technik auszuwählen.

Kartenabfrage im Standardeinsatz

Die Kartenabfrage ermöglicht allen Teilnehmern gleichzeitig eine schriftliche Form der Äußerung in einer Gruppe. Alle kommen zu Wort. Keine Beiträge gehen verloren. Rhetorisch geschickte Teilnehmer und Vielredner dominieren sehr viel weniger als sonst.

Die Kartenabfrage eignet sich zum Sammeln zum Beispiel von Informationen oder möglichen Erklärungen (»Welche Ursachen hat die Fluktuation im Vertrieb?«), von Problemlösungen (»Wie verringern wir die Fluktuation im Vertrieb?«), von kreativen Ideen (»Wie gestalten wir unsere Pressekampagne?«). Kartenabfragen sind allerdings nur dann sinnvoll, wenn die Anwesenden etwas »zu sagen« haben (zum Beispiel eigene Erfahrungen, Meinungen, Fragen, Wünsche, Befürchtungen, Vermutungen) und wenn mit diesen Beiträgen weitergearbeitet wird.

Das Schreiben und Sammeln der Karten

- Der Moderator erläutert inhaltlich das Zustandekommen der Fragestellung und vergewissert sich, dass die Frage von allen akzeptiert und verstanden wird.
- Er erklärt die Regeln: gut lesbare, große Schrift, pro Idee nur eine Karte verwenden. Wir erleben immer wieder: Eine Musterkarte wirkt hier Wunder.
- Die Teilnehmer schreiben ihre Beiträge auf die Karten und heften sie dann ungeordnet an die Pinnwand.
- Wenn alle Karten an der Pinnwand hängen, bittet der Moderator die Teilnehmer zu einer »Stehparty« im Halbkreis um die Pinnwand. Er fordert auf, alle Karten zu lesen und bei unklaren oder zu stark verkürzten Ideen beim Autor nachzufragen. Das sind die sogenannten »Loreley-Karten«, benannt nach dem Lied der Loreley: »Ich weiß nicht, was soll es bedeuten ...«.

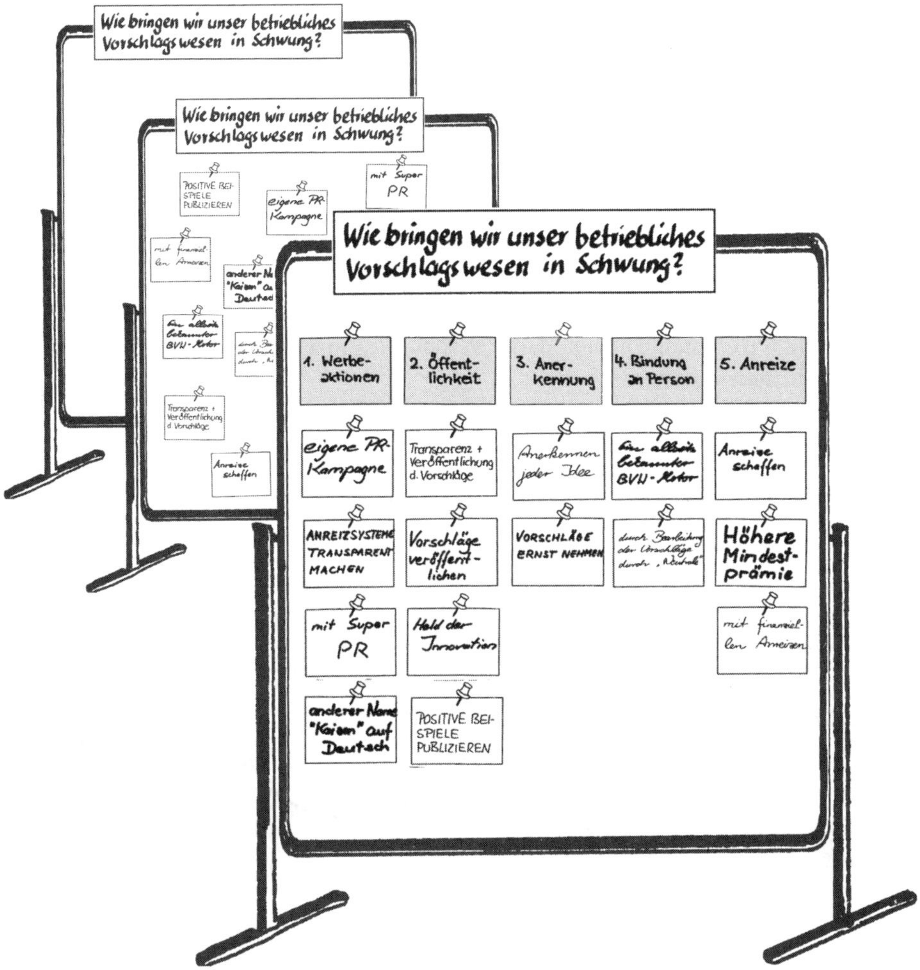

Die Kartenabfrage in vier Schritten:

1. Die Fragestellung wird erläutert.
2. Karten kommen ungeordnet an die erste Pinnwand.
3. In der Loreley-Phase werden unklare Begriffe erläutert.
4. An der zweiten Pinnwand werden die Karten geordnet.

Das Ordnen der Karten

- Der Moderator nimmt eine beliebige Karte von der Sammel-Pinnwand und heftet sie an die zweite, noch leere Ordnungs-Pinnwand. Dann nimmt er die nächste Karte von der Sammelwand und fragt, ob diese thematisch zur ersten Karte gehört oder zu einer neuen Gruppe. So geht das Karte für Karte weiter. Zur leichteren Verständigung stehen über den Gruppen von Karten (auch Säulen, Wolken oder Cluster genannt) Ziffern.

- Für den Moderator gelten dabei folgende Regeln:
- Die Teilnehmer und nicht der Moderator schlagen vor, wohin die Karten gehören.
- Im Zweifelsfall entscheidet der Autor der Karte.
- Mehrere Karten mit der gleichen Aussage hängt man sichtbar unterei- nander, denn die Häufigkeit der Nennung sagt auch etwas aus.
- Generell gilt: Keine Karte wegwerfen! Auch »witzige« und doppelte Karten bleiben an der Pinnwand.
-
- Sind alle Karten eingeordnet, dann werden die einzelnen Säulen gemeinsam mit Überschriften versehen.

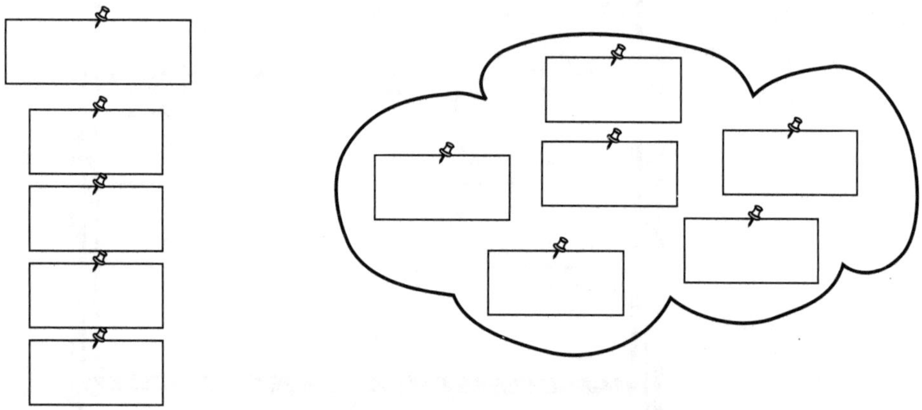

Kartenabfrage-Tipps

- Entscheidend ist die Fragestellung, die erstbeste ist selten auch wirklich die beste. Wir »prüfen« Fragestellungen oft schon im Vorfeld an unbeteiligten Testpersonen. Die Frage muss immer visualisiert sein.
- Die Pinnwand wird grundsätzlich mit Pinnwandpapier bespannt. So können wir zum Beispiel gleiche Karten mit Stift einkreisen oder die Karten zur Dokumentation und Archivierung ankleben. Wenn man Karten und Filzstifte schon vorher austeilt, gibt es weniger Ablenkung vom Inhalt.
- Eine »Musterkarte« für die Schriftgröße und den Umfang der Beiträge annadeln (auf der Karte steht nichts, was die Abfrage inhaltlich beeinflussen könnte). Unser Standardtext: »Pro Karte bitte nur eine Idee!«
- Die Überschriften schreiben wir, auch wenn sich Bezeichnungen schon während des Ordnens herauskristallisieren, immer erst nach dem Ordnen auf. Günstig ist das auf andersfarbigen oder andersformatigen Karten direkt über die Cluster.

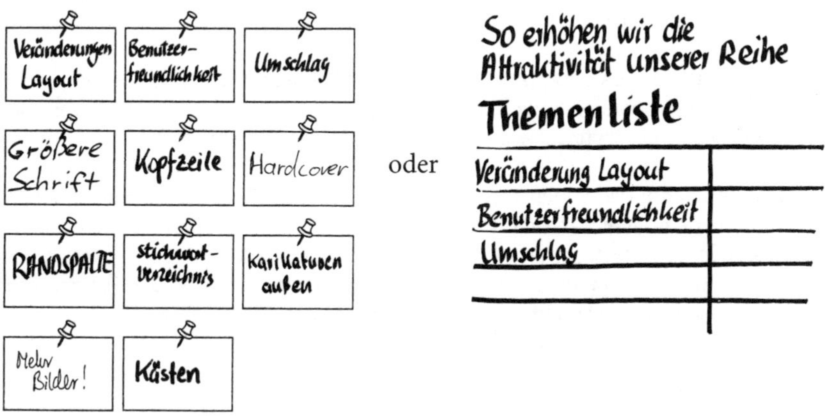

- Manchmal erleichtert eine Themenliste, die nur die gefundenen Überschriften enthält, die Übersicht.
- Wir verwenden meist größere als die Standardmoderationskarten (DIN A5 oder DIN A4, längs geteilt).
- Beim Sortieren ist es sinnvoll, sich die »schweren Fälle« für den Schluss aufzuheben, weil dann die Ordnungsstruktur deutlicher erkennbar ist.
- Für die Nadeln sind Schneidernadelkissen praktisch oder die Nadeln stecken bereits oben in der Pinnwand.

- Mehr als 40 Karten auf der Pinnwand sind schwer zu verarbeiten, denn das Ordnen dauert zu lange! Wie reduziert man die Kartenmenge? Mehrere Leute schreiben gemeinsam ohne zahlenmäßige Beschränkung Karten und wählen dann für die Pinnwand die besonders interessanten aus. Jede Karte sofort annadeln (lassen), das vermeidet Wiederholungen.
- In manchen Unternehmen zucken die Leute verschreckt zusammen, sobald mit Karten gearbeitet wird. Mit dieser ausgeprägten Kartenallergie muss man immer häufiger rechnen. Weil die Workshop-Inhalte viel wichtiger sind als die Anwendung der Kärtchenmethoden, greifen wir bei einer ausgeprägten Kartenabneigung auf andere, oft gleichwertige Techniken wie Mind-Mapping oder Zuruflisten zurück.

Das Wichtigste nach 20 Jahren Kartenabfrage

- **Tödlich:** Kartenabfragen, mit denen nicht weiter gearbeitet wird, sind tödlich für den Workshop selbst und tödlich für die Methode, weil Teilnehmer solche Kartenabfragen um der Kartenabfrage willen zu Recht ablehnen.
- **Formate:** Unsere Kartenformate werden immer größer. Unser Standardformat ist DIN A5 und manchmal auch DIN A4.Gerade wenn es um neue Ideen geht, reichen Schlagworte nicht aus, manchmal ist ein Halbsatz oder eine Zeichnung hilfreich, um eine Idee zu veranschaulichen.
- **Askese:** Es muss nicht immer Kartenabfrage sein. Mind-Mapping, Zuruflisten oder das Blitzlicht sind andere Sammeltechniken, die sich für eine schnelle Abfragerunde oft besser eignen.
- **Digitalresistenz:** Es gab viele Versuche, Kartenabfragen zu digitalisieren. Zufriedenstellend war bisher keine, weil das technisch immer viel zu kompliziert war und eine Projektionsfläche dafür zu wenig ist. Einige Software-Ingenieure sitzen aber weiter dran.
- **Rosinenpicken:** Wir ordnen in Workshops die Karten selten. Clustern ist ein Zeitfresser und weitergearbeitet wird oft nur an einzelnen Karten. Wir suchen sie nach der Loreley-Phase (Klärung unklarer Karten) mit der Frage: »Welche Ideen auf den Karten habe es verdient, dass wir an ihnen, als den Rosinen, weiterarbeiten?« Die Rosinen ergeben sich aus einer kurzen Diskussion und werden auf eine separate Pinnwand gehängt. Rosinenpicken funktioniert auch mit Klebepunkten.
  Wichtig ist, dass allen klar wird, dass an den Karten ohne »Rosinenstatus« nicht weitergearbeitet wird. Sie tauchen nur in der Dokumentation auf.

Kartenabfrage: Häufige Fragen – unsere Antworten

? **Die Teilnehmer haben trotz Aufforderung und Musterkarte so klein geschrieben, dass einige Karten von den Plätzen aus nicht zu lesen sind. Reicht es, wenn ich die Karten vorlese?** Nein, das ist zu wenig, weil sich kaum jemand die Inhalte merken wird. Veranstalten Sie eine »Stehparty ohne Sekt« rund um die Pinnwand, dann kann jeder alle Karten lesen. Wir machen das manchmal sogar bei gut lesbaren Karten, um die Leute aus den Stühlen zu bringen und auch um Hilfe beim Ordnen zu haben.

? **Soll ich für die Kartenabfrage nur eine Kartenfarbe verwenden?** Das muss nicht sein. Sie können ganz bunt gemischte Karten verwenden. Nur wenn sich zum Beispiel drei grüne unter ansonsten nur weiße Karten gemogelt haben, stört das, weil Sie immer wieder die Frage hören werden, was die andere Farbe zu bedeuten hat. Sie können den Farben aber ebenso gut eine Bedeutung geben. Beispielsweise gelb für Beiträge aus der einen Abteilung, grün für die aus der anderen. Machen Sie das aber bitte immer für die Teilnehmer durchsichtig!

? **Mich stört, dass ich mit der Kartenabfrage sehr viele Punkte sammle, von denen in der Regel nur ein Teil weiterbearbeitet wird. Kann ich das vermeiden?** Nein, vermutlich nicht. Es gehört zum System dieser Technik, zuerst Ideen in der Breite zu suchen und dann nur die wichtigsten, Erfolg versprechendsten usw. weiterzuverfolgen. Das stört uns genauso, ist aber, wenn Sie so wollen, ein Systemfehler.

? **Ich mag das Kartenschreiben in meinen Zukunftswerkstätten nicht so gerne, weil da jeder isoliert vor sich hin schreibt und denkt. Da ist keine Kooperation. Was soll ich tun?** Dem ist leicht abzuhelfen, wenn man die Karten nicht alleine schreiben lässt, sondern zu zweit oder zu dritt. Das ist nicht nur kooperativer, unserer Erfahrung nach steigert es auch die Qualität der Beiträge und die Wiederholungen werden weniger.

? **Wie kann ich beim Ordnen der Karten vermeiden, dass Teilnehmer zu lange diskutieren, ob eine Karte zur einen oder anderen Säule gehört?** Da gibt es verschiedene Möglichkeiten: Erstens können Sie den Autor fragen, der schließlich entscheidet. Sie können die Karte auch vom Autor verdoppeln lassen und sie zwei Clustern zuordnen, was vom Inhalt her manchmal durchaus angebracht ist. Oft reicht ein Hinweis auf den Sinn des Ordnens: Es müssen keine ganz sauber zu trennenden Kartengruppen entstehen, sondern in etwa zusammengehörige Karten werden zusammengehängt, um das Weiterarbeiten an ihnen zu erleichtern.

? **Wo ist rein zahlenmäßig die Obergrenze, um Kartenabfragen einzusetzen?** Wir haben schon mit 40 Leuten gearbeitet. Da schreiben dann vier Leute zusammen Karten und nadeln die nach ihrer Meinung wichtigsten an. Das ist zwar nicht optimal, aber es ist machbar. Die größeren Probleme entstehen, wenn nach dem Vertiefen in Kleingruppen deren Ergebnisse präsentiert werden. Viel besser sind Teilnehmerzahlen zwischen acht und 20. Bei ganz kleinen Gruppen ist keine so streng formalisierte Vorgehensweise nötig. Da gibt es Besseres, zum Beispiel ein gemeinsames Mind-Map.

? **Was ich zu sagen habe, kann ich doch nicht auf ein paar Schlagworte und eine Karte reduzieren?** Rhetorisch versierte Teilnehmer, die gewöhnt sind, wegen ihrer Kompetenz in Besprechungen größere Redeanteile zu haben, werden dieses Problem immer haben und sich so eher gegängelt fühlen. Für das Steigenlassen von Versuchsballons, für das Ausloten von Spielräumen, für den Schlagabtausch beispielsweise zwischen Umweltschützern und Politikern ist so eine Technik ohnehin untauglich.

? **Ich möchte eine Kartenabfrage machen und habe keine Pinnwand. Was tun?** Reisen Sie grundsätzlich nur mit mindestens drei Pinnwänden, wohin Sie auch fahren. Aber Spaß beiseite, auch wir kamen schon in diese Misere. Eine glatte Fläche findet sich überall (Wände, Fenster, zur Not ein senkrecht gestellter Tisch). Darauf halten normale Karten auch mit Klebepunkten oder Kreppband.
Im Fachhandel (Neuland) gibt es auch selbstklebende Moderationskarten in allen Variationen. In England und Südafrika benutzen die Moderatoren in Ermangelung von Pinnwänden »Blue Tack« (Blue wegen der blauen Farbe. Das gibt es aber auch in Weiß). Das ist eine ungiftige, dauerelastische Knet- und Klebemasse, die rückstandslos von den Wänden entfernt werden kann. Geübte Kollegen befestigen mit kleinen Kügelchen Karten schneller an jeder Fläche als wir mit Nadeln an der Pinnwand.

? **Wenn ich an meine Leute denke, da gibt es zwei, die schreiben mir garantiert keine Karte. Soll ich die Kartenabfrage dann nicht lieber gleich sausen lassen?** Muss nicht sein. Oft ist es nur die Angst vor möglichen Methodenverweigerern, die einen zaudern lässt. Und wenn einer wirklich nicht will, versuchen Sie nicht, ihn mühsam zu überreden. Lassen Sie ihn einfach zuschauen. Wenn es gut läuft und er nicht fürchten muss, sein Gesicht zu verlieren, wird er beim nächsten Mal mitmachen.

Zuruflisten

Die einfachste, unspektakulärste und deshalb bei jedem Teilnehmerkreis einsetzbare Sammeltechnik sind Zuruflisten. Die Ideen von Teilnehmern zu einer Fragestellung werden dabei einem Schreiber zugerufen, der sie sichtbar notiert.

Wichtig: Ideen nicht werten und nicht kommentieren und keine Diskussion in der Sammelphase!

Zuruflisten im Standardeinsatz

- Der Leiter der Runde (Moderator) gibt eine kurze Einführung ins Thema und notiert auf Flipchart oder Pinnwand die Fragestellung.
- Er bittet einen oder zwei Teilnehmer, beim Anschreiben zu helfen.
- Der Moderator erklärt die wichtigsten Spielregeln:
  - Diskussion und Rückfragen erst im Anschluss ans Sammeln!
  - Zurufe ohne Wortmeldungsrituale bunt durcheinander!
- Nach einer Pause zum Nachdenken gibt der Moderator den Startschuss. Die Schreiber notieren die Zurufe der Teilnehmer sichtbar auf Pinnwand oder Flipchart. Der Moderator achtet darauf, dass kein Zuruf verloren geht.
- Wenn wirklich nichts mehr kommt, schließt der Moderator das Sammeln ab. Noch vor dem Weiterarbeiten werden inhaltlich unklare Zurufe geklärt.

Zwei Schreiber im Reißverschlusssystem

Wenn der Moderator selbst schreibt, geht es langsam, und die Gefahr, dass Beiträge verloren gehen, ist groß. Ein schreibender Helfer aus dem Teilnehmerkreis erleichtert das Verfahren wesentlich. Ideal bei einer größeren Runde und vielen Zurufen sind zwei Schreiber (plus Moderator), die im »Reißverschlussverfahren« arbeiten: Schreiber A notiert den ersten Beitrag, Schreiber B den zweiten. Den dritten Zuruf schreibt wieder A usw.
Bei speziellen Anwendungen und in heiklen Situationen schreiben wir als Moderatoren auch schon mal selbst.

Zurufliste mit Laptop und Beamer

Wir machen auch Zuruflisten mit Laptop und Beamer. Das geht am besten in Word, Querformat, zweispaltig oder Tabelle und Arial mit Schriftgröße minimal 20 Punkt. Für die Dokumentation ist eine so entstehende Zurufliste natürlich ideal. Der Vorteil der guten Lesbarkeit ist offensichtlich und auch die Schreibgeschwindigkeit passt, wenn nicht gerade jemand mit Zwei-Finger-Adler-Such-System arbeitet. Der Moderator sollte dabei nicht selbst schreiben. In unserer Praxis fielen allerdings zwei Probleme auf:

- Die Kapazität ist auf rund 25 Zurufe beschränkt, dann ist eine Seite voll und eine zweite Seite beginnen bedeutet, dass alle Ideen von Seite 1 nicht mehr zu sehen sind.
- Schwierig wird die anschließende Weiterarbeit. Punkten geht mit Kreuzen, die in Blitzlichtform abgerufen und hinter das Wort gemacht werden. Das ist aber sehr umständlich.

So ganz zufrieden sind wir also mit dieser Lösung nicht, aber vielleicht liegt das auch an einer gewissen nostalgischen Anhänglichkeit an Papier und Flipchart.

Hier ein Beispiel einer Zurufliste mit Laptop und Beamer:

Was sollte ein Elite-Software-Ingenieur können?

- Interpersonal Skills	10x	- Abstrahieren	7x
- C programmieren		- Schnelles Einarbeiten in neue Gebiete	10x
- Dokumentieren, Spezifizieren		- Code smells erkennen	
- Verschiedene Entwicklungsparadigmen beherrschen		- Anforderungen ermitteln	
- Projekterfahrung	2x	- Ein Spezialgebiet	2x
- Entwurfsmuster erkennen und anwenden		- Software-Architektur (Dekomposition)	1x
- Selbst fortbilden		- Überblick über aktuelle Technologien	2x
- Selbstbewusstsein	1x	- Zielstrebigkeit	3x
- Gruppenführung	1x	- Komplexe Konzepte durchdenken können	2x
- Überstunden machen können		- Technisches Verständnis	2x
- Datenanforderungen / -analysen		- In Konzepten denken	1x
- Konfliktlösung		- Ethisches Verhalten	2x
- Sich in fremde Gebiete einarbeiten können		- Fehler zugeben können	1x

Zuruflisten in Variationen

Zweiteilige Zurufliste. Diese Zurufliste hat Unterkategorien. Die Beiträge der Teilnehmer kommen jeweils in die entsprechende Spalte. Pro-Kontra- oder Plus-Minus-Listen sind dafür Beispiele. Die Schreiber protokollieren nicht im Reißverschlussverfahren, sondern einer übernimmt die »Plus-Beiträge«, der andere die »Minus-Zurufe«.

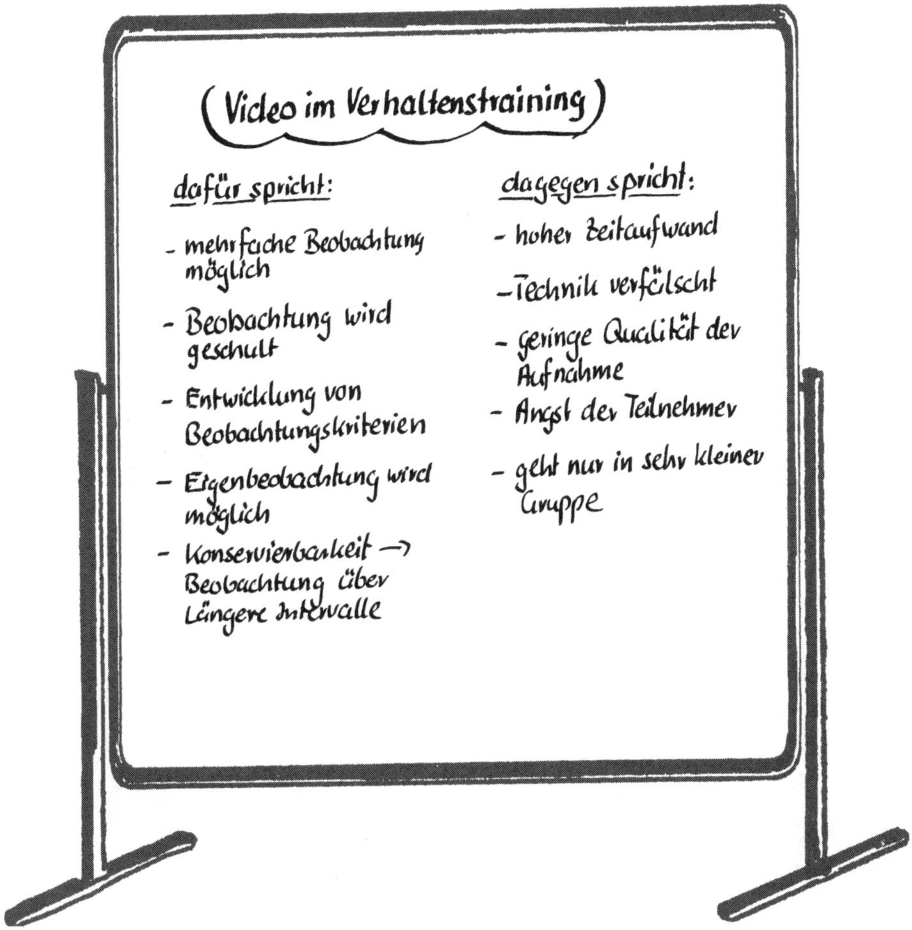

Zuruflisten auf Karten an der Pinnwand. Als Schreibfläche dient hier eine mit (etwas größeren) leeren Karten bestückte Pinnwand. Nach dem Schreiben können die Karten wie bei der Kartenabfrage leicht geclustert werden. Eine unserer Lieblingsvorgehensweisen: Ideen per Zurufliste auf Karten sammeln, mit Rosinenpicken die wertvollsten Ideen auswählen und diese dann vertiefen.

Der Vorzug der Zurufliste, dass eine in der Gruppe geäußerte Idee die nächste bewirkt, wird bei dieser Variante mit den differenzierten Weiterarbeitsmöglichkeiten der Kartenabfrage verbunden.

Dezentrale Zuruflisten auf Karten. Bei dieser Variante schreiben die Teilnehmer ihre Beiträge selbst auf Karten. Wie bei der üblichen Zurufliste nennt der Teilnehmer seinen Beitrag. Der Moderator bittet ihn dann, diesen prägnant formuliert aufzuschreiben. Die so entstandenen Karten kommen kontinuierlich, schubweise oder am Schluss an die Pinnwand. Falls Sortieren sinnvoll ist, lässt sich das mit Karten leicht bewerkstelligen.

Die Mischung aus Kartenabfrage und Zurufliste

Tipps für die Zurufliste

- Haben Sie Geduld, wenn die Gruppe nach der Themenstellung nicht gleich lossprudelt. Auch wenn Fragestellung und Ablauf klar sind, brauchen die Teilnehmer Zeit zum Nachdenken. Also: einfach warten!
- Der Moderator wertet keine Zurufe, er gibt nur kurzes, neutrales Feedback. Manchmal ist es trotz aller Neutralität angebracht, mit kurzen Impulsen etwas lenkend einzugreifen, zum Beispiel: »An unseren Außendienst haben wir noch nicht gedacht.«
- Angeschrieben wird der Originalton, also möglichst keine Umformulierungen durch den Schreiber. Falls der Zuruf zu lang oder unklar formuliert ist, bittet man

die Redner um einen prägnanten Formulierungsvorschlag. Nur notfalls macht der Schreiber einen Vorschlag und fragt um Zustimmung.

- Manchmal sprudelt die Gruppe so intensiv, dass im Nu Flipchartblätter oder Pinnwände gefüllt sind. Wer dann erst nach Papier suchen muss, hat den Ideenfluss ganz schnell zum Versiegen gebracht. Deshalb: Ersatzschreibflächen bereithalten. Bei Flipcharts nur im Notfall umblättern, sonst geht die Stärke von Zuruflisten verloren, nämlich dass notierte Ideen immer wieder neue anregen.
- **Der heiße Tipp zum Schluss: Die zweite Welle abwarten!** Zuruflisten haben einen ganz typischen Lebenszyklus. Es geht mit den Zurufen langsam und zögerlich los, dann kommt die Flut an Zurufen, sodass die Schreiber kaum mehr mitkommen. Danach ebben die Zurufe wieder ab, kommen manchmal ganz zum Stillstand. Wichtig ist hier, nicht abzubrechen, sondern die zweite Welle abzuwarten oder zu unterstützen (»Schauen Sie sich bitte die Ideen noch mal an! Haben wir wirklich alles? ...«). In der zweiten Welle, die nur selten ausbleibt, stecken oft die besten Ideen.

Mit Zuruflisten weiterarbeiten

- In Ausnahmefällen ist die Zurufliste mit dem Sammeln *beendet*. Beispiel: Ein Teilnehmer bekommt im Workshop »Hausaufgaben«. Er soll Einsparungsmöglichkeiten bei Werbemitteln der Pharmareferenten untersuchen. Er bittet um Anregungen und bekommt sie per Zurufliste, die er zusammenrollt und mitnimmt.
- Manchmal ist *Sortieren* notwendig. Wer nicht gleich mit Karten gearbeitet hat, kann nachträglich grob sortieren. Dazu eignen sich Wachsmalkreideblocks, wie sie Kinder oft verwenden, in verschiedenen Farben. Gleiche Farben für gleiche Themengruppen. Die Wachsmalkreiden ergeben 4 cm breite farbige Unterlegungen der Schrift. Zur Not lassen sich Flipchartbögen auch ganz flott in Textstreifen zerschneiden.
- Häufig wird mit *Punkten* weitergearbeitet. Mit Klebepunkten kennzeichnen die Teilnehmer die Beiträge. Beispiel: »An welchen Ideen wollen Sie jetzt weiterarbeiten?« Oder: »Was ist Ihnen besonders wichtig?«, »Wo sollen wir zuerst ansetzen?« So erhält man aus der Vielzahl der Ideen eine Auswahl.
- Es werden *Gruppen* zu einzelnen Zurufen gebildet: »Hängen Sie bitte eine Karte mit Ihrem Namen zu der Idee, an der Sie gerne mit anderen weiterarbeiten wollen!«

Das Blitzlicht

Blitzlicht oder Statementrunde nennen wir die »Momentaufnahme« in einer Gruppe. Jeder äußert sich kurz und knapp zu einer Frage, ohne darüber zu diskutieren. Für uns ist es eine kleine, aber feine Technik, um ein Meinungsbild in einer Gruppe zu erheben.

So funktioniert das Blitzlicht

- Der Moderator erläutert die Fragestellung.
- Er begründet, warum er dazu gerne von jedem der Teilnehmenden eine Stellungnahme hätte.
- Er erklärt die Grundregeln des Blitzlichts beziehungsweise erinnert an sie:
  - Maximal ein bis zwei Sätze.
  - Ohne Diskussion.
  - Der Reihe nach.
- Er lässt den Teilnehmern eine genügend lange Nachdenkpause. Durch Blickkontakt und Nachfragen wird festgestellt: Können wir starten?
- Der Moderator bittet einen Teilnehmer anzufangen. Dann geht es zügig reihum, bis alle ihre Stellungnahme abgegeben haben.

Mit dem Blitzlicht lässt sich fragen nach:

- Erwartungen;
- positiven Erfahrungen zu dem Thema;
- der persönlichen Meinung zu einem Vorschlag;
- dem wichtigsten Denkanstoß, den ich hier erhalten habe;
- dem zentralen Problem aus meiner Sicht;
- Beispielen guter beziehungsweise unbefriedigender Zusammenarbeit in der letzten Zeit (»Sonnenschein« beziehungsweise »Gewitterwolken«);
- einem denkbaren Idealzustand;
- Fantasien, die mir bei diesem Thema in den Kopf kommen;
- zu erwartenden Transferproblemen;
- offenen Fragen, die hier noch geklärt werden sollten;
- Wünschen oder Vorschlägen für das weitere Vorgehen.

Blitzlicht: Variationen

- Je nach Situation und Fragestellung kann man zulassen, dass Teilnehmer, die im Augenblick nichts sagen können oder nichts sagen wollen, mit »weiter« an den nächsten in der Reihe weitergeben. In kniffeligen Situationen ist es jedoch sinnvoll, dass sich alle Teilnehmer ohne Ausnahme äußern.
- Statt Fragen können auch Satzanfänge, Statements, Zitate, Bilder, Fotos oder Toneinspielungen (zum Beispiel Interviewausschnitte) Sprechanreize sein.
- Eine Variante ist das »begründete Blitzlicht«. Die Teilnehmer sollen nicht nur eine Aussage treffen, sondern sie auch kurz begründen. Diese Begründungen helfen oft, Kompromisslösungen zu finden.
- Beim *»dokumentierten Blitzlicht«* bittet der Moderator einen Teilnehmer, alle Beiträge mitzuschreiben.

Blitzlicht: Tipps

- Der Moderator gibt neutrales Feedback (nicken, danke, ja ...) und enthält sich jeden Kommentars, selbst wenn das schwerfällt.
- Oft ist es unnötig, mit der Bezeichnung »Blitzlicht« Teilnehmer zu verunsichern. Es reicht zu sagen: »Ich hätte dazu gern von jedem ein kurzes Statement gehört, schnell reihum und ohne Diskussion.«

- Das Standardblitzlicht ist ungeeignet für große Gruppen über 20 Teilnehmer. Wenn aber zum Beispiel jeder Dritte gefragt wird oder einzelne Teilnehmer gezielt gefragt werden, funktioniert das Blitzlicht auch bei Großgruppen.
- Auch beim Blitzlicht bleiben dem Moderator kleine Möglichkeiten der Beeinflussung über die Formulierung der Frage sowie über die Reihenfolge der Beiträge. Er kann den ersten Sprecher (über Blickkontakt oder Gestik) festlegen und hat damit indirekt den Sprecher des Schlusswortes bestimmt.
- **Ein heißer Blitzlicht-Tipp zum Schluss:** Die Qualität der Beiträge steht und fällt mit der Pause zwischen Fragestellung und Start. Viele Moderatoren übersehen dabei das andere Zeitempfinden vor der Gruppe: Was für den Moderator ewig dauert, sind für den Teilnehmer nur wenige Sekunden.

Mind-Mapping in der Gruppe

Mind-Mapping in der Kleingruppe

Wenn wir selbst Ideen zum Beispiel für ein neues Seminar oder eine Workshop-Planung zusammentragen, dann »mappen« wir. Für Leser, die Mind-Mapping nicht kennen, haben wir den Abschnitt »Mind-Mapping für Einsteiger« gedacht.

Mind-Mapping ist nicht prinzipiell besser als die Kartenabfrage, aber es ist die flexiblere Methode. Sie lässt sich selbst bei einem chaotischen (vornehmer ausgedrückt: kreativen) Diskussionsstil einsetzen. Mind-Mapping macht die größten Sprünge, Exkurse und Abwege mit. Zudem geht das Mappen um einiges schneller, vorausgesetzt, die Technik sitzt.

Mind-Mapping für Einsteiger

Mind-Mapping ist eine »etwas andere« Technik, etwas auf- und mitzuschreiben. Das können die eigenen Gedanken sein, Ideen, die eine Gruppe produziert, aber genauso Diskussionen und Vorträge. Das Grundprinzip ist die Überwindung des traditionellen »Schön-geordnet-und-untereinander«-Aufschreibens. Der »Erfinder« Tony Buzan wollte das Notieren den Vorgängen im Gehirn anpassen, dem Hin- und Herhüpfen der Gedanken. Trotzdem sollte diese »Gedanken-Landkarte« ein geordnetes, übersichtliches und wieder erkennbares Ganzes ergeben, vergleichbar einer echten Landkarte.

So funktioniert Mind-Mapping:

Schritt 1: Auf ein Blatt Papier (für den Anfang DIN A3 quer) schreiben Sie *das Thema, die Fragestellung in die Mitte!*

Schritt 2: Überlegen Sie sich jetzt zwei oder drei übergeordnete, *wichtige Aspekte* zu diesem Thema und notieren Sie diese als *Hauptäste.* Lassen Sie den Anspruch auf Vollständigkeit und saubere Trennschärfe ruhig weg. Sie sollen damit nur ins Thema eindringen.

Schritt 3: *Nun notieren Sie die Gedanken, »wie sie kommen«* in Stichworten. Wenn der Gedanke zu einem schon vorhandenen Hauptast passt, hängen Sie ihn dort an. Wenn nicht, gehört er (oder wird er) zu einem neuen Hauptast. Auch wenn es am Anfang etwas schwerfällt, konzentrieren Sie sich mehr auf das Thema als auf die Frage, wo gehört was hin. Wichtig ist, dass kein Gedanke verloren geht und der Gedankenfluss möglichst wenig gestört wird.

Unser Beispiel auf der nächsten Seite zeigt das Entstehen eines Mind-Maps.

Regel
Zwei Regeln erleichtern das Mappen:
- Schreiben Sie auf die möglichst waagrechten Linien wenige Wörter und einigermaßen leserlich!
- Lassen Sie die Äste nach außen wachsen!

Schrittweise entsteht ein Mind-Map zum Kapitel 1

1. Das Thema in die Mitte

2. Wenig Hauptäste

3. Gedanken »mitschreiben«

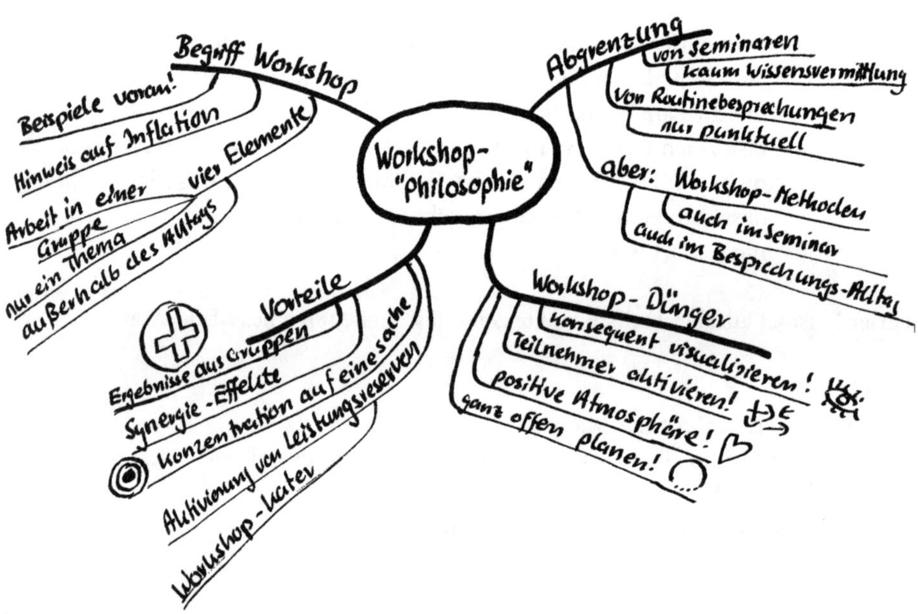

Learning by doing!

Mind-Mapping mit Worten zu erklären ist genauso schwer wie den Schaltvorgang im Auto. Das liest sich samt Zeichnung unheimlich kompliziert. Ausweg: Sie müssen das einfach einmal tun! Es wird beim ersten Mal (wie im Auto) noch ein wenig Mühe bereiten, dann geht es ganz automatisch.

Ein Tipp für Ihr erstes Mind-Map. Wählen Sie ein unkompliziertes Thema, in dem Sie fit sind. Stellen Sie sich beispielsweise vor, Sie müssten über Ihr Hobby, über Ihren

Betrieb oder über Ihren Heimatort einen Kurzvortrag halten, und dazu sammeln Sie die Inhalte mit einem Mind-Map.

Anwendungsfelder

In unserer Sammlung gibt es Mind-Maps zum Entwerfen von Präsentationen, Büchern, sogar Predigten, Seminaren, Mitschriften von Vorträgen und Diskussionen, für alle Arten von Briefen, Checklisten, Buchexzerpten, Zeitplanungen, Unterrichtskonzepten, Prüfungsvorbereitungen ...

In Workshops setzen wir Mind-Mapping zum Sammeln und Mitschreiben von Ideen und Informationen ein, zum Protokollieren, für Ablaufplanungen, als Visualisierung, wenn wir selbst Informationen in die Gruppe tragen, als Strukturierungsvorschlag für Kleingruppenarbeit.

Ablauf der Ideensammlung per Mind-Map

- Wir sitzen um eine größere Schreibfläche, ideal ist eine mit Papier bespannte Pinnwand. Einer wird zum Schreiber beziehungsweise Hauptschreiber erkoren.
- Das Thema (zum Beispiel Barfuß-Video-Workshop) kommt in die Mitte. Wir sprechen kurz die Zielsetzung der Besprechung ab (hier: grobe Workshop-Bausteine und Aspekte, die wir bei der Vorbereitung noch beachten müssen).
- Der Schreiber fragt nach den wichtigsten Aspekten (= erste Hauptäste) und schreibt sie an.
- Wir sprudeln munter drauflos, die Gruppe hilft dem Schreiber: »Bausteine gibt einen neuen Hauptast.« Oder: »Tätigkeitsfelder eruieren gehört zu Vorfeldkontakte!«
- Es gilt die Grundregel: Alles, sogar die scheinbar abwegigen Gedanken, werden unzensiert notiert.
- Am Ende einigen wir uns drauf, woran wir beim nächsten Treffen weiterarbeiten wollen. Das wird farbig gekennzeichnet. Wenn in der Zwischenzeit jemand etwas erledigen muss, wird das mit einem Kuller mit Namen und Termin gekennzeichnet.

Mind-Map: Variationen

Vorstrukturiertes Mind-Map. Manchmal ist es nützlich, die Thematik vor der Besprechung genauer vorzustrukturieren. Das Mind-Map enthält also hier am Anfang schon die Hauptäste und einige wichtige Verzweigungen. Der Gedankenfluss kann damit gezielt auf die noch offenen Detailfragen gelenkt werden. Schon notierte Ideen regen neue an.

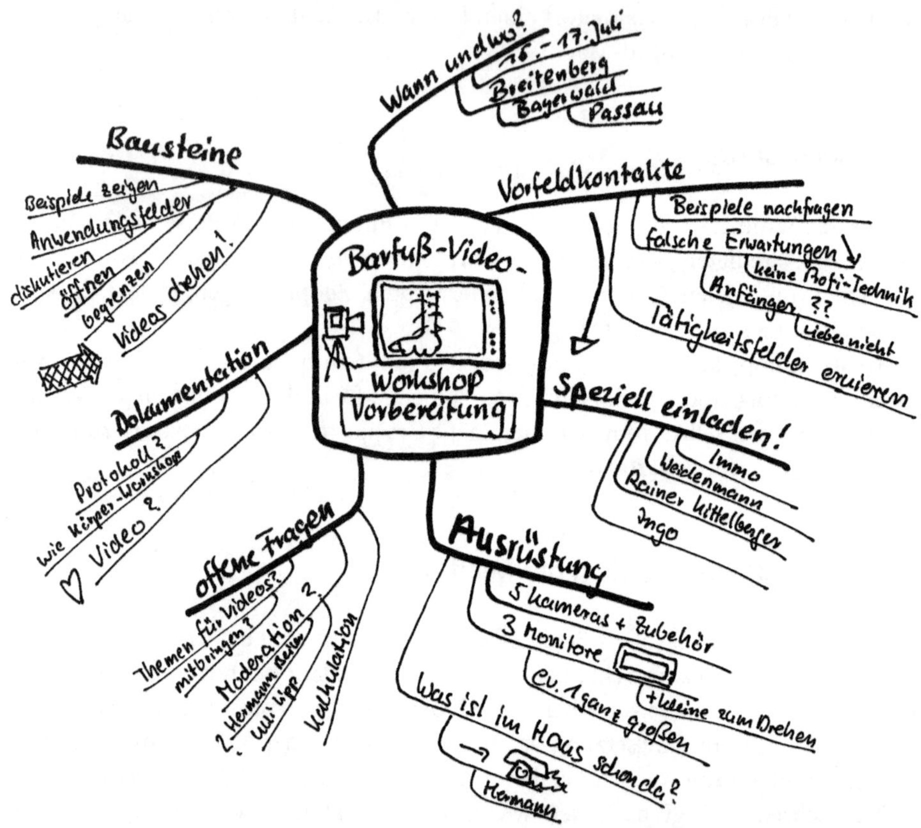

Trennung Schreiber – Moderator. Bei größeren Gruppen ist es ratsam, dass die Rollen Schreiber und Moderator getrennt sind. Der Moderator nimmt die Zurufe auf, achtet darauf, dass keiner verloren geht, und gibt sie richtig zugeordnet an den Schreiber weiter.

Mind-Maps als (Zwischen-)Zusammenfassung. Der Moderator lässt die Diskussion »laufen«. Er stoppt, um den Stand per Mind-Map zu visualisieren: »Ich will den augenblicklichen Diskussionsstand kurz festhalten. Bitte helfen Sie mir dabei.« Damit werden nicht nur Ergebnisse festgehalten, das Mind-Map bietet dem Moderator gute Steuerungsmittel für die weitere Diskussion: »Ich denke, wir sollten an diesem Hauptast weiterdiskutieren.« Oder: »Sie sehen, wir sind inzwischen etwas weit vom Zentrum der Fragestellung entfernt, gehen wir doch wieder dichter an die Mitte.«

Tipps zum Mind-Mapping

- Für Mind-Map-Neulinge unter den Workshop-Teilnehmern ist eine kurze methodische Erklärung angebracht, sie erleichtert die Konzentration der Teilnehmer auf die Inhalte. Wer nämlich zum ersten Mal sieht, wie ein Mind-Map-Krake seine Arme entfaltet, achtet vermutlich mehr darauf als auf die jeweilige Fragestellung.
- Mind-Maps im Pinnwandformat, und das im ICE-Tempo vor und mit einer Gruppe, erfordern viel Geschicklichkeit. Sie sind deshalb als Einstieg zum Mind-Mapping ungeeignet. Probieren Sie also Mind-Maps zuerst einmal allein für sich im DIN-A3-Format aus. Der nächste Schritt sind Mind-Maps auf der Pinnwand, aber immer noch allein. Dann können Sie sich ans »Mappen« zur Ideensammlung in einer Gruppe wagen.
- Zeichnen Sie das Zentrum nicht zu groß, verteilen Sie die ersten Hauptäste gleichmäßig über die Fläche und suchen Sie die Waagrechte!
- Auch wenn die Zeit drängt: Verwenden Sie, wo immer es geht, Symbole und einfache Zeichnungen statt der Wörter! Vermeiden Sie Abkürzungen!
- Zusammengehörige Aspekte, Wechselbeziehungen usw. wurden durch Pfeile, Symbole oder Farben gekennzeichnet. Eine Reihenfolge kann durch Nummerierung festgelegt werden.
- Mind-Maps lassen sich auch gut per PC erstellen. Es gibt inzwischen ausgereifte Programme (www.mindjet.com).

Unsere Lieblingsspiele

Der gordische Knoten

Alle Teilnehmer stehen eng nebeneinander im Kreis und haben die Hände nach vorne ausgestreckt. Der Moderator bittet sie, mit jeder Hand eine andere Hand zu fassen, jedoch nicht die des Nachbarn und nicht beide Hände von einem Menschen. Er achtet darauf, dass keine freien Hände übrig bleiben und an keinem Punkt sich drei oder mehr Hände treffen. Dann bittet er, den entstandenen Knoten zu entwirren, ohne die Hände loszulassen. Zum allgemeinen Erstaunen geht das (fast) immer. Manchmal entsteht nicht ein Kreis am Ende, sondern zwei oder drei, die auch ineinander verschlungen sein können.

Risiken und Nebenwirkungen: Die Gruppe sollte schon einige Zeit zusammenarbeiten, denn bei diesem Spiel entsteht sehr viel Nähe. Ein Mathematiker hat ausgerechnet, dass der gordische Knoten immer zu lösen ist, nur sind wir keine Mathematiker und deshalb ist es möglich, dass sich die Verwicklung in seltenen Fällen nicht lösen lässt. Hier sollte der Moderator nach einigen Versuchen erlösend nachhelfen. Ab 15

Der gordische Knoten funktioniert überall

Teilnehmern wird es immer schwieriger, aber gelungen ist uns die Auflösung des gordischen Knotens auch schon mit 30 Menschen.

Chinesisch Knobeln

Dafür holen wir uns die Legitimation der Gruppe. Noch nie haben Teilnehmer auf die Frage »Wollen Sie eine alberne oder eine ganz alberne Übung machen?« die bloß einfach alberne Alternative gewählt. So kann sich hinterher niemand beklagen, denn das Spiel ist wirklich sehr albern.

Der Moderator teilt die Gruppe in zwei ungefähr gleich starke Fraktionen, die sich im Abstand von gut zwei Metern gegenüber aufstellen. Er erinnert nur kurz an die Regeln des einfachen Knobelspiels (Stein, Schere, Blatt) und erklärt dann die chinesische Variante. Es gibt drei Figuren:

- Den *Samurai*. Der stammt zwar eigentlich aus Japan, aber wer wird da so pingelig sein. Er hat ein imginäres Riesenschwert, das er mit der rechten Hand und einem markerschütternden Schrei aus der Scheide zieht und dem Gegenüber entgegenstreckt.
- Den *Tiger*, riesengroß und gefährlich. Er brüllt wie fünf Tiger zusammen und zeigt mit den Händen drohend seine Krallen.
- Das arme, alte *Mütterchen*, das, nur leise wimmernd und zitternd den Krückstock haltend, einen Schritt nach vorne geht.

Zum Einüben machen alle Teilnehmer dem Moderator die einzelnen Figuren mehrmals nach. Die Knobelregeln sind ganz einfach: Der Samurai köpft den Tiger, der Tiger frisst das Mütterchen und das arme, alte Mütterchen macht das Schwert des Samurais stumpf.

Der Clou: Jeweils alle Mitglieder einer Fraktion müssen sich in einer Zehn-Sekunden-Besprechung auf eine Figur einigen, die sie dann auf das Kommando des Moderators hin gemeinsam vorführen. Natürlich ist die Besprechung so geheim, dass die andere Fraktion nichts mitbekommt. Nun kann es losgehen mit der ersten Runde: Der Moderator zählt bis drei und die Gruppe legt los. Dann folgen wieder zehn Sekunden Besprechung und auf geht es in die zweite Runde! Drei oder vier Runden sind genug.

Risiken und Nebenwirkungen: Wenn Sie die Figuren Samurai und Tiger als Moderator nicht wirklich laut brüllend vormachen können, dann lassen Sie das Spiel lieber weg. Sind mehrere Gruppen oder andere Gäste in der Tagungsstätte, werden Sie sich unter Umständen die Frage gefallen lassen müssen: »Sind Sie das mit dem Urschrei-Workshop?«

Der Bewegungskanon

Dies ist eine der wenigen Möglichkeiten, im Sitzen ins Schwitzen zu kommen.Die Teilnehmer sitzen am besten im Kreis, Tische stören. Der Moderator bittet im ersten Durchgang, dass alle Teilnehmer seine Bewegungen nachmachen. Er klatscht zuerst dreimal in die Hände, danach dreimal auf seine Oberschenkel, dann streckt er die Hände dreimal in die Luft und schließlich stampft er dreimal mit beiden Füßen auf den Boden. Nach zwei Durchgängen (der Moderator zählt immer »eins – zwei – drei« mit) sitzt der Grundablauf. Jetzt wird es zunehmend schwieriger: Der Moderator teilt die Gruppe in zwei Hälften. Dann beginnt der Kanon: Die erste Hälfte beginnt mit dem Klatschen. Wenn sie zum ersten Mal auf die Schenkel schlägt, beginnt die zweite Gruppe mit dem In-die-Hände-Klatschen. Nach zwei Durchgängen folgt das Meisterstück: Der Moderator teilt die Teilnehmer in vier Gruppen ein und dirigiert.

Bewegung lockert die Atmosphäre

Risiken und Nebenwirkungen: Eigentlich klappt das Spiel immer. Es ist bei weniger als zwölf Leuten witzlos, nach oben gibt es allerdings keine Grenzen.

Wenn Sie nach dieser Beschreibung die Spiele auch tatsächlich durchführen können, gehören Sie zu den begnadeten Menschen, die ein Spiel nicht zuerst einmal live miterleben müssen. Dann können wir Ihnen auch gerne zwei Spielebücher für Workshops und Seminare empfehlen:

- Baer, Ulrich ([2]2003): 666 Spiele – für jede Gruppe für alle Situationen.
- Wallenwein, Gudrun F. ([5]2003): Spiele: Der Punkt auf dem i.

Zum Wohlbefinden gehört genauso das richtige Essen. Weil Workshops oft an Wochenenden oder in der Freizeit stattfinden, glaubt man, die Teilnehmer mit besonders leckerem Essen belohnen zu müssen. Lecker heißt leider immer noch nicht überall leicht und so fallen oft ganze Gruppen nach gemischtem Braten und dicken Soßen tief ins Mittagsloch. Wertvolle Zeit geht verloren.

Wer die Küche am Tagungsort beeinflussen kann, sollte für leichte Kost zu Mittag sorgen. Vielen Teilnehmern reicht ein Salatteller, wenn sie abends warm essen können.

Auch die Pausengestaltung muss nicht dem Zufall beziehungsweise der mehr oder weniger großen Erfahrung der Gastronomen überlassen bleiben. Wir achten darauf, dass in Pausenzeiten die Gruppe den Tagungsraum verlässt. So kann der Raum gründlich gelüftet werden und die Teilnehmer haben etwas Bewegung. Der Pausenkaffee wird also möglichst nicht im Arbeitsraum oder direkt davor bereitgestellt. Inzwischen gibt es neben Kaffee und Tee fast schon selbstverständlich Mineralwasser und Fruchtsäfte; noch nicht üblich, aber von den Teilnehmern gerne angenommen sind frisch geschnittene Gemüsestreifen oder Obst zum Gebäck oder noch besser stattdessen.

Ein Tipp zur Pause: Wenn der Moderator es schafft, dass die Teilnehmer in den Pausen zusammenbleiben und sich nicht verstreuen, kann er sicher sein, dass in den Pausenzeiten weiter über die Inhalte gesprochen wird. Oft gehen von solchen informellen Pausengesprächen entscheidende Impulse für den Workshop aus.

Bei der Pausenfrequenz darf der Moderator nicht von sich ausgehen. Der hohe Adrenalinpegel lässt bei ihm ein Pausenbedürfnis gar nicht erst aufkommen. Gute Indikatoren für den Wunsch nach Pause unter den Teilnehmern sind, soweit es sie überhaupt noch gibt, die Raucher. Da das Rauchen in den Tagungsräumen absolut tabu ist, fangen sie nach einer gewissen Zeit an, nervös auf dem Stuhl hin und her zu rücken. Wir legitimieren am Anfang manchmal einen Raucher, laut sein Pausenbedürfnis anzumelden. Das entlastet den Moderator und verhindert, dass einige der Teilnehmer für Minuten den Workshop verlassen. Bewährt haben sich neben den größeren Pausen zum Kaffeetrinken und Ausruhen mehrere Fünf-Minuten-Pausen. Das ist bei Leuten besonders wichtig, die sonst im Alltag keine »sitzende« Tätigkeit ausüben.

Ulrich Lipp

Bewerten und Entscheiden

Aus: Das große Workshop-Buch

Manche Workshops scheitern daran, dass zwar sehr viele Ideen produziert oder Problemlösungen gefunden werden, aber am Ende nicht die Spreu vom Weizen getrennt wird. Der Workshop-Moderator muss eine Gruppe auch dahin bringen können, dass sie aus der Fülle auswählt. Das Gros der mühsam erarbeiteten Ideen landet dann notgedrungen im Papierkorb. Das ist hart.

Fehlt nach der Ideensuche der Ausleseprozess, dann endet der Workshop mit vielen mehr oder weniger schönen Ideen statt mit konkret umsetzbaren Maßnahmen.

Nur wenige Workshops sind so konzipiert, dass wirklich nur Ideen produziert werden sollen und andere dann den nötigen Auswahl- und Entscheidungsprozess übernehmen. Das setzt eine penible Dokumentation voraus. Wir haben aber auch Workshops moderiert, deren alleinige Aufgabe eine Entscheidung war.

Methodisch unterscheiden wir Bewertungs- von Entscheidungsverfahren. Bewerten ist dabei der Prozess des Sammelns und Gewichtens von Argumenten. Das ermöglicht dem Einzelnen und der Gruppe, begründet Stellung zu beziehen. Erst dann ist die eigentliche Entscheidung, verstanden als Festlegung der Gruppe, sinnvoll. Sie selbst schafft in der Regel die wenigsten Probleme. Dafür gibt es eine ganze Reihe von bewährten Abstimmungsprozeduren, vom Handaufheben bis zur schriftlichen Abstimmung. Schwieriger ist die Phase davor. Wie bringe ich alle Argumente auf den Tisch beziehungsweise die Pinnwand? Was kann ich tun, dass die Teilnehmer tatsächlich abwägen? Wie dränge ich sachfremde Beweggründe in den Hintergrund?

Bewertungsphasen müssen nicht zwangsläufig in eine Entscheidung münden. So kann der Moderator beispielsweise in einen Problemkreis einführen, indem er die Teilnehmer schon am Anfang ganz persönlich Stellung beziehen lässt. Auch zwischendurch schaffen Bewertungsphasen immer wieder Raum für Reflexion und den etwas distanzierteren, kritischen Blick. Von einer Entscheidung abgekoppelte Bewertungsphasen sind viel unkomplizierter.

Entscheidungen schaffen Verlierer

Was in Workshops durch Entscheidungen in der Gruppe verworfen und aussortiert wird, sind Ideen, an denen Herzblut hängt. Das sind in vielen Fällen Projekte, in die viel Zeit und Engagement investiert wurden. Einige Beispiele machen das deutlich:

- Die Forschungsabteilungen in einem Pharmaunternehmen stellen 15 Projektideen für die Arbeit in den nächsten Jahren vor. Es stellt sich heraus: Alle sind nicht zu realisieren. Aber: Es ist eine Auswahl zu treffen, die alle mittragen werden.
- Die Abteilung »Zentrales Bildungswesen« braucht zur sinnvollen Weiterarbeit eine Grundsatzentscheidung. Nach langer Debatte bleiben zwei Alternativen übrig, und zwar: Sollen wir weiterhin dreitägige Moderatorentrainings in einem Tagungshotel durchführen oder sollen mehrere eintägige Kurzseminare in der Firma mit jeweils eingegrenztem Themenfeld stattfinden?
- Vor dem Workshop und im Workshop selbst entstehen mehrere Vorschläge für ein neues Abteilungslogo. Die Teilnehmer sollen sich auf das beste Logo einigen.

Verlierer sind im ersten Beispiel die Forscher, die mit ihren Projekten in den Workshop hinein- und mit den Ideen anderer zum Bearbeiten herausgehen. Verlierer im zweiten Fall ist ein Abteilungsleiter, der sehr große Hoffnungen auf neue Inhouse-Trainings setzte, das sind im dritten Beispiel die Designer, die ihren eigenen Entwurf natürlich für den besten hielten. Verlierer passen nicht zu den Grundprinzipien der Methode Workshop. Deshalb ist es Aufgabe gerade des Moderators, die Verlierer wieder einzubinden, das Verlieren leichter zu machen.

Tipps für Entscheidungen

Negative Argumente vermeiden! Teilnehmer am Workshop haben zwei Wege, vor einer Entscheidung einen Vorschlag zu pushen: Sie können seine Vorzüge in den Mittelpunkt stellen oder die Alternativen schlecht machen. Das ist in der Sache meistens nur eine Frage der Formulierung. Atmosphärisch gibt das allerdings einen riesigen Unterschied: Es ist viel schwieriger, mit einem Vorschlag zu verlieren, weil er so schlecht war, als einem guten anderen zu unterliegen.

Personalisierungen umgehen! Die Unsitte, Vorschläge mit dem Namen ihres Mentors zu kennzeichnen (zum Beispiel das Endreskonzept kontra den Hilgersplan), führt dazu, dass mit ihren Konzepten auch die Personen verlieren. Deshalb ist es hilfreich,

Alternativen mit neutralen Begriffen zu bezeichnen, vielleicht aber auch nur mit Buchstaben (Plan A kontra Plan C). Genauso werden sie an der Pinnwand nebeneinander visualisiert und ihren Verfechtern »weggenommen«. Der Moderator muss sich erfahrungsgemäß dazu zwingen, Formulierungen zu vermeiden wie »Vorschlag von Herrn Hell«.

Verlierer einbinden! Der Moderator muss sich um die »Verlierer« in Abstimmungen besonders kümmern, er muss darauf achten, dass diese weiterhin konstruktiv mitarbeiten. Ein Pausengespräch, ein weiterführender Teilaspekt ihres Vorschlages sind denkbare Ansatzpunkte. In schwierigen Fällen ist Metakommunikation angesagt: Wie gehen wir mit der durch die Abstimmung veränderten Situation um, wo einige Teilnehmer ihre Vorschläge in den Papierkorb werfen müssen?

Transparenz schaffen und erhalten! Wenn der Moderator zulässt, dass etwas »undurchsichtig« ist, wird es brenzlig. Das bezieht sich sowohl auf die zur Wahl stehenden Alternativen wie auf die Konsequenzen der Entscheidung und ebenso auf das Vorgehen. Wie die Entscheidung herbeigeführt wird, mit welchen Arbeitsschritten und mit welcher Technik, das muss für alle klar durchschaubar, offen und akzeptiert sein.

Drei Argumente für Gruppenentscheidungen

Firmen und Organisationen, die sich einem kooperativen Stil verpflichtet fühlen, werden Entscheidungen auch in Teams treffen.

Mehrere Menschen bringen in Bewertungs- und Entscheidungsprozessen automatisch verschiedene Sichtweisen und mehrere Blickwinkel ein. Diese differenzierte Sicht hilft Fehler vermeiden!

Der einsamen Entscheidung im stillen Kämmerchen muss eine aufwendige Werbe- und Durchsetzungskampagne für die getroffene Wahl folgen. Bei Gruppenentscheidungen lastet die Verantwortung von vornherein auf mehreren Schultern. Das kann die Umsetzung der Entscheidung enorm vereinfachen.

Punkten als Bewertungsmethode

Punkten ist wortwörtlich eine »auf den Punkt« gebrachte und reduzierte Form der Meinungsäußerung. Teilnehmer kleben selbsthaftende Punkte in vorbereitete beziehungsweise vorher erstellte Plakate oder Listen. Damit lassen sich:

Aussagen oder Argumente gewichten. Die Gruppe hat auf der Pinnwand alle möglichen Ursachen für den hohen Ausschuss in der Profilproduktion gesammelt. Der Moderator bittet jeden Teilnehmer, mit vier Klebepunkten die für ihn persönlich ausschlaggebenden Ursachen zu kennzeichnen.

Ideen aus einer Sammlung auswählen. Die Mitarbeiter der Arztpraxis haben zwei Dutzend Ideen gesammelt, wie die Wartezeit für die Patienten angenehmer gestaltet werden könnte. Der Moderator lässt mit drei Klebepunkten kennzeichnen, an welchen Ideen im Workshop weitergearbeitet werden soll.

Entscheidungen treffen. In der Lehrerkonferenz stehen sechs Themen für die nächsten zwei Pädagogischen Konferenzen zur Wahl. Jeder Lehrer hat zwei Stimmen (= Punkte). Die zwei Themen mit den meisten Punkten haben gewonnen.

Meinungen und Gefühle ausdrücken. Ein Trainer-Workshop erarbeitet neue methodische Konzepte. Die Frage nach Körperübungen zwischendurch taucht auf. Der Moderator lässt die Teilnehmer ihre Meinung dazu mit einem Klebepunkt ausdrücken.

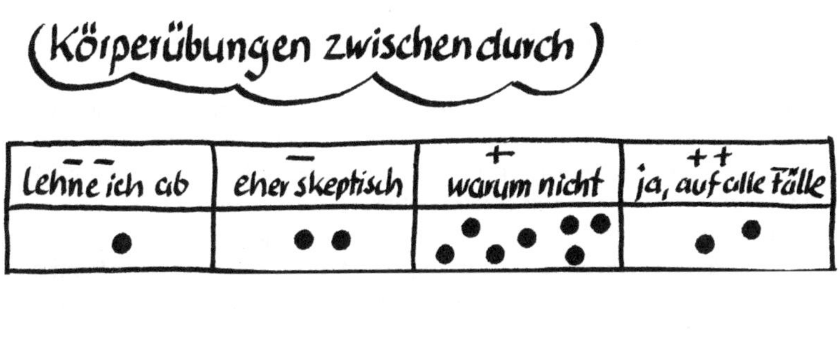

Ablauf des Punktens

- Die Frage und die Wahlmöglichkeiten sind an der Pinnwand visualisiert.
- Der Moderator ermöglicht eine inhaltliche Klärung.
- Ziel und Konsequenzen der Prozedur »Punkten« werden erläutert. Es muss klar sein, welche Folgen die Schwerpunktbildung für den weiteren Workshop hat.

Ebenso sollte vorher besprochen werden, wie viele Ideen weiterverfolgt werden und was mit den anderen geschieht. Zudem muss der Moderator vor dem Punkten begründen, warum er dieses Vorgehen gewählt hat.
- Der Moderator erklärt kurz das Verfahren: Wohin sollen die Punkte geklebt werden? Wie viele Punkte bekommt jeder Teilnehmer? Darf »gehäufelt« werden (wenn ja, wie viele Punkte pro Variante maximal?) oder bekommt jeder gewählte Vorschlag nur einen Punkt?
- Die Teilnehmer kleben ihre Punkte selbst.
- Der Moderator zählt die Punkte vor aller Augen aus und vergibt die Rangplätze.

Tipps zum Punkten

- Nicht nur bei kniffeligen Fragen oder einer hierarchischen Zusammmensetzung der Gruppe orientieren sich Teilnehmer beim Punkten an anderen (»Herdentrieb«). Zu beobachten ist auch das »Zünglein-an-der-Waage-Spiel«: Teilnehmer warten, bis alle anderen gepunktet haben, um dann selbst den Ausschlag zu geben.
  Der Ausweg: Teilen Sie die Punkte (keine schwarzen oder mit Motiven bedruckten) an jeden Teilnehmer aus und bitten Sie die Teilnehmer, die gewählten der vorher durchnummerierten Kategorien noch auf dem Platz auf dem Punkt zu vermerken. Dieses Vorgehen erhöht auch die Qualität des Punktens, weil jeder sich in Ruhe seine Wahl überlegen muss, bevor das Gerenne auf die Pinnwand beginnt.
- Punkten ist ein recht simples und formales Entscheidungsinstrument. Man erfährt nichts über die Beweggründe der Teilnehmer. Deshalb nur selten punkten!
- Nur umherlaufende Schafe sind schwieriger zu zählen als im Pulk ungeordnet aufgeklebte Punkte in größerer Zahl. Hilfe: Streichen Sie jeden gezählten Punkt einfach ab, damit Sie ihn nicht zweimal zählen.

Vorsicht: Klebepunkt-Allergie!

Schlussnummer in einem Wiener Seminarkabarett: Der Kabarettist hat Klebepunkte verteilt und steht mit bloßem Oberkörper vor der Runde: »Wenn ich Sie verstandesmäßig angesprochen habe, kleben Sie bitte einen Punkt auf meinen Kopf. Sie können aber auch auf Herz oder Bauch punkten ...« Die Nummer kam gut an.
Ist das Hantieren mit Klebepunkten wirklich zur Lachnummer verkommen? Es gibt sie tatsächlich, die Punkteallergiker, die zu oft mit zu unklarem Arbeitsauftrag zu viele Punkte kleben mussten. Viele Leute besitzen die Fähigkeit, Dinge »auf den Punkt zu bringen«, das bedeutet aber nicht einen Punkt zu kleben und sonst zu schweigen, sondern ihre Meinung klar und unmissverständlich zu sagen. Wem das versagt wird, der wehrt sich und das mit Recht.
Wir punkten trotzdem! Nicht inflationär, nie ohne erklärendes »Wozu«, oft ergänzt durch die Möglichkeit sich verbal zu äußern. Die Grundidee ist so simpel wie einleuchtend: In einer Gruppe wird eine Bewertung mit Klebepunkten sichtbar gemacht und das in kurzer Zeit.

Punkten anders

- Punkten ohne Klebepunkte: Markierungen können auch mit Stiften oder Stempeln gemacht werden, insbesondere, wenn man in einer Veranstaltung öfters punktet. Ein Kollege spricht vom UVP (= umweltverträgliches Punkten) und verwendet daher Nadeln mit besonders großen Köpfen.
- In manchen Fällen ist es wichtig, dass die Gruppe das Abstimmungsverhalten jedes Einzelnen und eventuell die Begründung dafür genau mitbekommt. Jeder Teilnehmer reihum gibt also seine Wahl und die Beweggründe dafür bekannt. Um Unruhe zu vermeiden, kennzeichnet der Moderator die Wahl hier stellvertretend an der Pinnwand.
- Es gibt auch Möglichkeiten, zwei verschiedene Kategorien auf einmal punkten zu lassen. In der folgenden Abbildung wurde zudem zweimal gepunktet: blaue Punkte zu Beginn der Veranstaltung, rote Punkte an deren Ende. Es gibt eine Gegenüberstellung von Erwartung und Ergebnis.

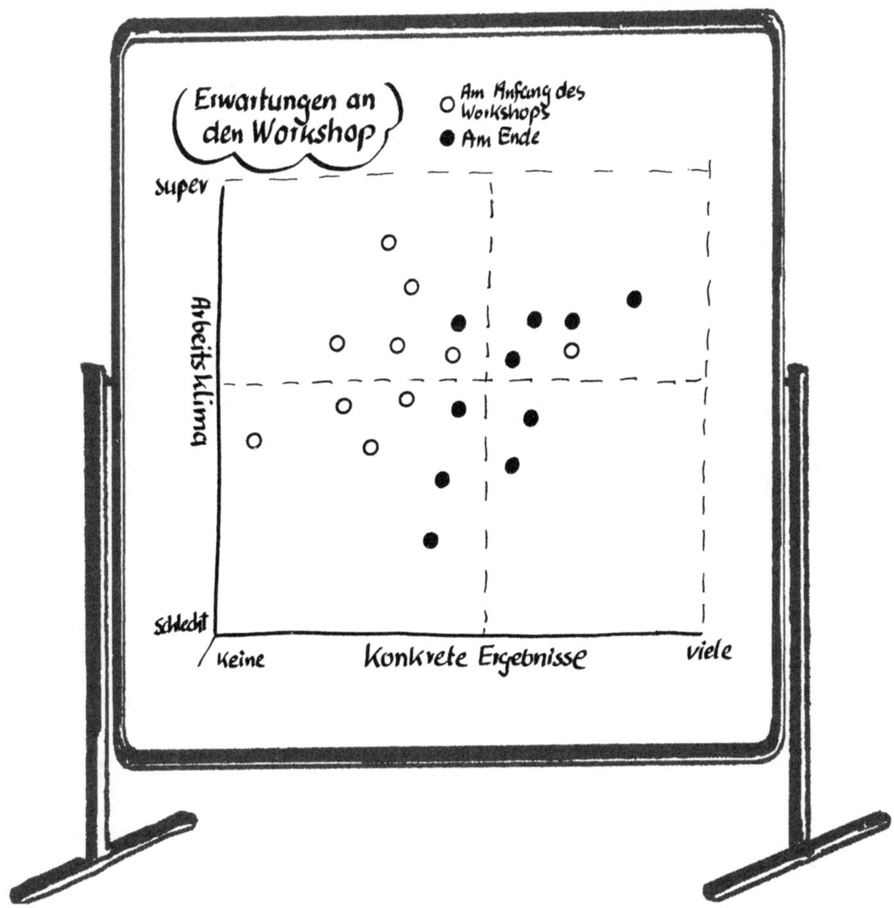

- Wenn Stimmungen und Meinungen (wie in unserem Beispiel mit den Körperübungen) mit einer Skala von »Lehne ich ab« bis »Ja, auf alle Fälle« abgefragt werden, lässt sich die inhaltliche Aussage der Visualisierung einfach erhöhen: Der Moderator fragt die Teilnehmer nach Begründungen für ihre Punktwertung und notiert die Statements.

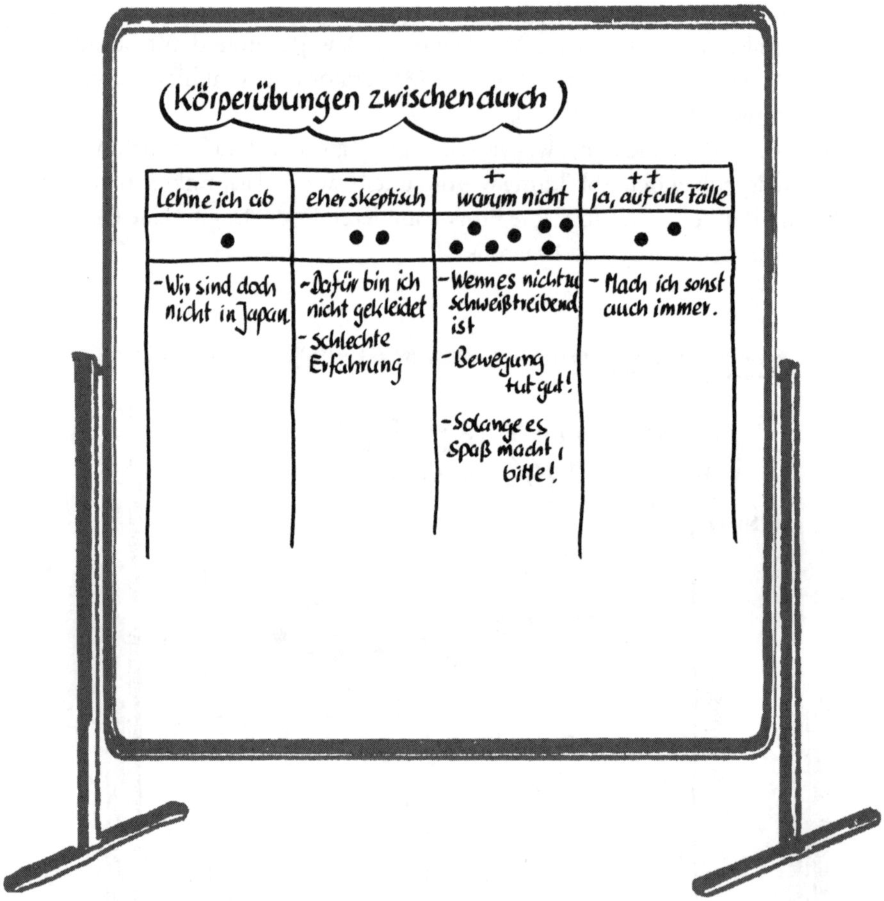

Die Argumentationsrunde

Viele Entscheidungen sind deshalb schlecht, weil vor der Abstimmungsprozedur die Argumente für die Alternativen nicht deutlich genug werden. Sachfremde Einflüsse (Wer schlägt was vor? Wie entscheidet der Chef? Was nützt mir persönlich am meisten?) geben deshalb sehr leicht den Ausschlag. Eine Argumentationsrunde beugt dem vor. In Form eines Blitzlichts äußert jeder in der Runde seine wichtigsten Argumente. Das erweitert die Entscheidungsgrundlage der Teilnehmer. Bevor sich jeder endgültig festlegt, entsteht ein Überblick über die Tendenz in der Gruppe. Der Vorteil der mündlichen Form liegt in der geringeren Verbindlichkeit der Aussagen.

Beispiel: Argumente für das neue Logo

Drei mögliche Logos für die Weiterbildungsabteilung wurden entwickelt. Die Gruppe soll sich auf eines einigen.

Schritt 1: Die Alternativen sind klar. Jeder Vorschlag ist auf der Pinnwand zu sehen.

Schritt 2: Der Moderator bittet die Teilnehmer, sich zu überlegen, zu welcher Version sie tendieren und warum. Wichtig ist an dieser Stelle der Hinweis, dass das noch nicht die endgültige Entscheidung ist.

Schritt 3: Die Argumentrunde läuft dann ab wie ein Blitzlicht. Erst dann folgen die endgültigen Abstimmungsprozeduren.

Tipps für die Argumentationsrunde

- Festlegung verhindern: Argumentationsrunden verlieren ihren Sinn, wenn die Teilnehmer das Gefühl haben, sich in ihnen endgültig festgelegt zu haben. Deshalb sind alle Formulierungen wie »Ich entscheide mich für ..., weil ...« zu vermeiden.
- Hilfreich ist diese Argumentationsrunde auch für den Moderator. Er erkennt frühzeitig, wenn sich schwierige Pattsituationen anbahnen, aber auch wenn Tendenzen so klar sind, dass eine Entscheidung ganz schnell durchzuziehen ist.
- Nach der Argumentationsrunde entstehen manchmal neue, bessere Alternativen, weil viele Überlegungen ganz offen geäußert wurden. Da eine Tendenz, aber keine endgültige Entscheidung abgefragt wurde, gibt es keinen Grund, diese neuen Wege auszuklammern.

Schriftliches Argumentieren

Schriftlich Argumentieren ist das Sammeln und Visualisieren von Argumenten in einer Art Zurufliste vor einer Entscheidung. Die Visualisierung verhindert, dass Gesichtspunkte übersehen werden, sie trennt zudem Argumente von Personen.

Beispiel: Trainings im Hotel oder Kurzseminare

Greifen wir als Beispiel einen der Ausgangsfälle auf: Es steht die Entscheidung an, ob weiterhin dreitägige Moderatorentrainings im Tagungshotel durchgeführt werden oder mehrere eintägige Kurzseminare in der Firma mit jeweils eingegrenztem Themenfeld.

Schritt 1: Die beiden Varianten werden inhaltlich erläutert und Verständnisfragen werden geklärt.

Schritt 2: Eine Pinnwand wird zweigeteilt. Über der rechten Hälfte steht »Argumente pro Variante A«, auf der linken »Argumente pro Variante B«. Der Moderator bittet nach einer Nachdenkminute um Zuruf von Argumenten (ohne Reihenfolge, ohne Diskussion) und schreibt sie selbst an der Pinnwand mit. Wenn die Zurufe der Teilnehmenden spärlicher werden, regt er mit der Frage »Welche Aspekte haben wir noch übersehen?« zum Durchlesen und Vervollständigen an. Als Abschluss holt er das Einverständnis der Gruppe ein: »Haben wir wirklich alle Gesichtspunkte festgehalten?«

Schritt 3: Wenn wirklich alle Argumente an der Pinnwand stehen, bittet der Moderator, eine eigene Entscheidung zu treffen und lässt dann abstimmen.

Tipps zum schriftlichen Argumentieren

- Es gibt fast jedes Mal den Vorschlag, die Pros und Kontras für jede Alternative zu sammeln. Der Moderator sollte hart bleiben und bei mehreren Varianten wirklich nur Pro-Argumente notieren lassen. Das tut nicht nur der Stimmung gut, sondern vermeidet viele Wiederholungen.
- Widersprüche treten trotz Diskussionsverbot immer wieder auf, beispielsweise: »Das ist doch kein Argument für das Kurzseminar in der Firma, sondern für den

anderen Vorschlag.« Der Moderator enthält sich hier der Wertung und markiert den Einwand durch einen Widerspruchspfeil.

- Bei dieser Technik schreibt am besten nur der Moderator, auch wenn es etwas länger dauert. Nur so bekommen tatsächlich alle Teilnehmer auch alle Argumente mit.

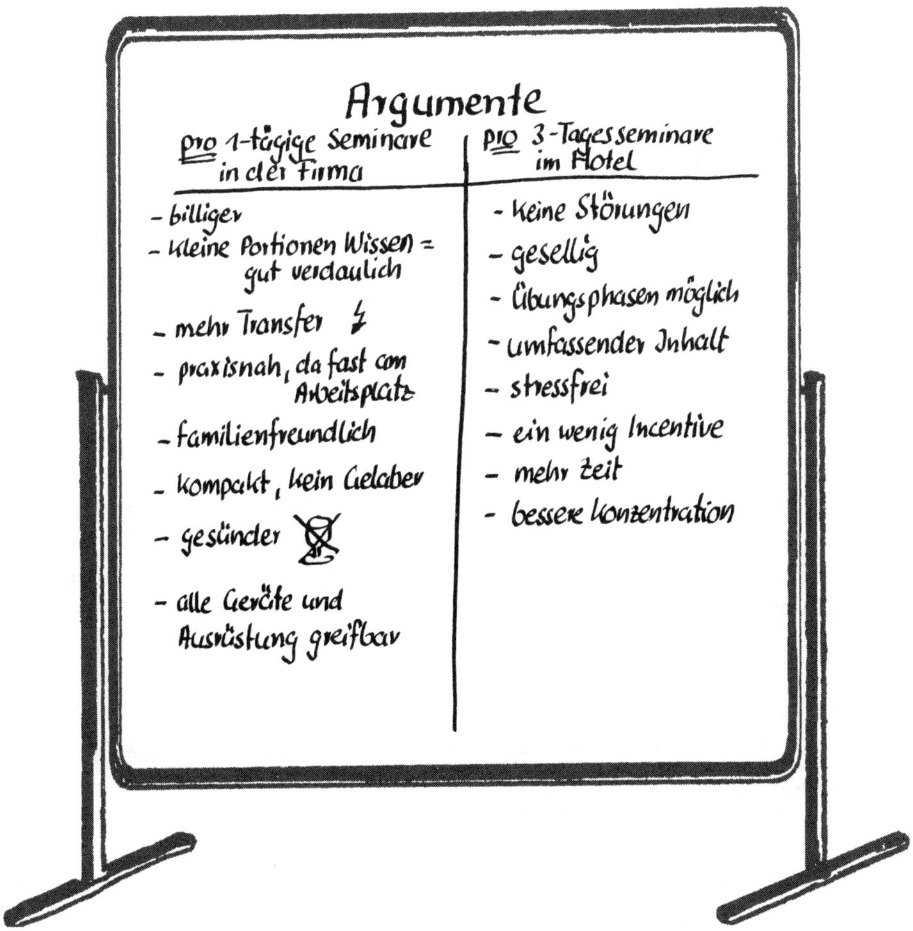

Die Entscheidungsmatrix

Das Grundprinzip einer Entscheidungsmatrix besteht darin, die Entscheidung in Teilentscheidungen zu zerlegen. An einem Beispiel wird das schnell klar: Es gibt fünf Bewerber für die Leitung der Personalentwicklung. Nach vorher festgelegten Kriterien werden einzelne Bereiche untersucht: Welcher der Bewerber ist der beste von der Ausbildung her? Wer hat die meiste Erfahrung? Wer hat die beste Ausstrahlung? Wer arbeitet am besten im Team? ... Die Teilentscheidungen werden anschließend gewichtet und zu einer Gesamtentscheidung addiert.

Dieses verbreitete und bewährte Verfahren lässt sich sehr einfach zur Verwendung in größeren Gruppen und Workshops »umrüsten«.

Beispiel: Das neue Tagungshaus

Ein Unternehmen hat gründlich nachgerechnet. Ein eigenes Tagungshaus für Trainings und Workshops soll außerhalb des Firmengeländes entstehen. Es gibt vier unterschiedliche Projektideen: ein Neubau in einem Parkgelände, das der Firma schon gehört, und drei Objekte, die mit mehr oder weniger großem Aufwand zu einem Tagungshaus um- und ausgebaut werden können: das Mühlenschloss, ein ehemaliges Gasthaus und das Gut Erlach. Die Verantwortlichen treffen sich in einem Workshop.

Schritt 1: Die vier Projekte werden mit Skizzen und Kurzvideos vorgestellt, vorhandene Ideen angereichert. Dann steht die Entscheidung an.

Schritt 2: Bewertungskriterien werden gesammelt. Methodisch eignet sich dafür am besten eine Zurufliste auf Karten, weil nach der Zurufphase zusammengehörige Kriterien auch zusammengehängt werden können. So entsteht zum Beispiel aus »Platz« und »Seminarräume« das übergreifende Kriterium »Raumangebot«.

Schritt 3: Kriterienauswahl und Gewichtung. Jeder Teilnehmer erhält in diesem Fall sechs Klebepunkte und kennzeichnet damit die für ihn wichtigsten Auswahlkriterien. Gewichtungen können durch die Häufelmöglichkeiten (maximal zwei Punkte) ausgedrückt werden. Nach dem Auszählen erhalten Kriterien mit vielen Punkten einen entsprechend höheren Faktor. Die Gruppe einigt sich auch, welche Kriterien nicht aufgenommen werden.

Schritt 4: Mit den vier Alternativen und den Beurteilungskriterien lässt sich nun die Matrix erstellen.

Schritt 5: Jetzt kennzeichnet jeder Teilnehmer für jedes Kriterium »seinen« Sieger mit einem Klebepunkt.

Schritt 6: Der Moderator zählt die Punkte aus, nimmt die Gewichtungen vor und bildet schließlich für jeden Vorschlag eine Summe. In unserem Fall hat der Neubau eindeutig die Nase vorn.

Die Entscheidungsmatrix bringt in unserem Beispiel zwar einen ganz eindeutigen Sieger, gleichzeitig wird das Grundproblem dieser Technik klar: Durch die Mathematisierung entsteht eine Scheinrationalität, die der Qualität der Entscheidung nicht immer entspricht.

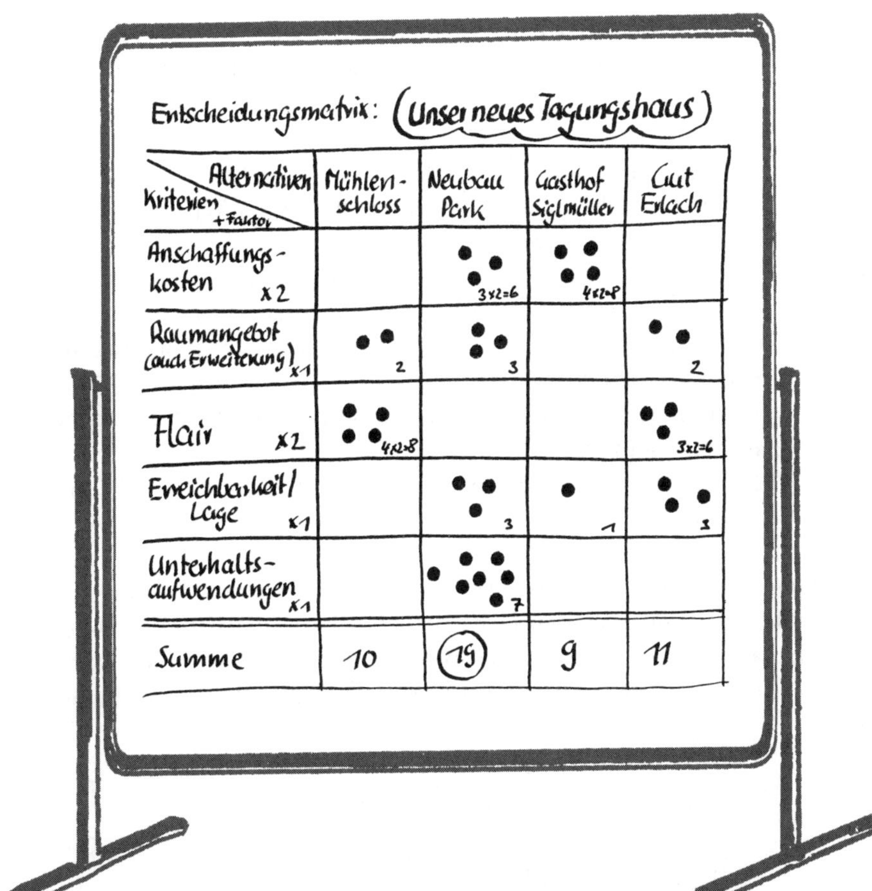

Favoritenkür reduziert Alternativen

Einfallsreichtum in einer Gruppe kann sich zum Fluch entwickeln, wenn nicht früh genug die besten Ideen aussortiert werden. Weil bei diesem Ausleseprozess oft zu lange über die offensichtlich schlechteren Ideen diskutiert wird, obwohl sie ohne jede Realisierungschance sind, setzen wir gerne die Favoritenkür ein, um aus einer Vielzahl von Vorschlägen die mit den meisten Chancen auszusuchen, Außenseiter also vorneweg auszuschalten.

Beispiel: Eine Vorauswahl der besten Pläne

Acht Varianten für die Schaltung der aktiven Federung beim Pkw wurden entwickelt. Im Workshop soll die Entscheidung für den Plan fallen, der schließlich realisiert werden soll.

Schritt 1: Die einzelnen Pläne werden vorgestellt. Sie sind in Kurzform auf Pinnwänden visualisiert. Der Moderator holt noch Verständnisfragen ein und lässt sie beantworten.

Schritt 2: Er bittet jeden Teilnehmer, sich seine zwei Favoriten auszuwählen. Nach einer kurzen Pause fragt er die Teilnehmer nacheinander nach den beiden Favoriten (ohne Begründung) und kennzeichnet die Wahl mit Klebepunkten auf den Pinnwänden.

Schritt 3: Die Punkte pro Vorschlag werden ausgezählt. In der Regel ergeben sich mehrere Spitzenreiter.

Schritt 4: Nur diese werden dann genauer diskutiert, bevor eine endgültige Entscheidung getroffen wird.

Die Zahl der auszuwählenden Favoriten kann verändert werden. Bei einer geringen Anzahl wählt jeder einen, bei vielen auch einmal drei Favoriten. Obwohl schon bei der Favoritenkür als Vorauswahl Ideen »im Papierkorb« verschwinden, stößt sie selten auf Akzeptanzprobleme. Der Qualitätsunterschied zu den Spitzenreitern ist meist offensichtlich.

Hermann Will

Visualisieren und Dokumentieren

Aus: Das große Workshop-Buch

Ein Qualitätsmerkmal von Workshops ist konsequente Visualisierung. Das ist manchmal arbeitsaufwendig. Aber: Es macht sich bezahlt, denn fast alle Workshop-Teilnehmer sind Augenmenschen.

Wichtige Fragen für den Moderator, damit später alle »durchblicken«:

- Welche Art von Visualisierung passt zu welchem Workshop?
- Wer produziert sie?
- Welche Funktionen soll die Visualisierung erfüllen?

Während des Workshops stehen unter anderem Ablaufplan, Ausgangspositionen, Zwischenschritte und Ergebnisse oder Beschlüsse auf vielen großen Plakatwänden. Dieser »optische Leitfaden« erleichtert den Überblick und unterstreicht die Werkstatt- und Arbeitsatmosphäre. Die obligatorische Visualisierung zwingt Referenten, Diskutanten und Arbeitsgruppen, ihre Beiträge kurz und prägnant auf den Punkt zu bringen, und so stehen die vereinbarten Folgeaktivitäten »schwarz auf weiß« im Raum. Über die Veranstaltung und den Teilnehmerkreis hinaus unterstützen zudem gut gemachte Dokumentationen die Workshop-Ziele und werten die geleistete Arbeit auf.

Visualisierung auf Flipchart und Pinnwand

Pinnwandplakate sind typisch für unsere Workshops. Nebeneinander aufgestellt, machen sie als »Wandzeitungen« die gemeinsame Arbeit permanent sichtbar. Das ist mit Folien, Großbildprojektion oder Fotokopien alleine nicht zu schaffen.

Eine Unterscheidung vorneweg: »Spontanplakate« entstehen als großflächige Skizzen ad hoc im Arbeitsprozess. »Fertigplakate« oder »Teilfertigplakate« werden zum Workshop mitgebracht oder dort in den Zwischenzeiten vorbereitet. (100 Tipps & Tricks für Pinnwand und Flipchart: Weidenmann [4]2008.)

Wer macht wann Plakate?

Plakate des Moderators. Mindestens zwei große Pinnwandplakate stellt der Moderator schon zu Beginn an zentraler Stelle in den Raum: Auf dem ersten stehen die geplanten Ablaufschritte des Workshops und das zweite enthält den Maßnahmenkatalog (noch ohne Eintragungen). Weitere Plakate des Moderators entstehen während der Veranstaltung, zum Beispiel Mind-Maps als Mitvisualisierung von Diskussionen, Überschriften für Kartenabfragen und Zuruflisten sowie Themenspeicher, eventuell auch Erklärungen über die Ablaufschritte von Workshop-Methoden (etwa die Schritte der Pro-Kontra-Diskussion).

Plakate von Referenten und Gästen. Weitere Plakatproduzenten sind Referenten und Workshop-Gäste. Sie bringen fertige oder teilfertige Plakate mit für ihre Kurzreferate beziehungsweise für die Postersession oder skizzieren in der Expertenbefragung Sachverhalte am Flipchart.

Plakate der Teilnehmer. Auch die Teilnehmer greifen zu Stift und Papier – schließlich ist es ihr Workshop. Sie schreiben auf Karten (die dann an die Plakatwände kommen), halten Fragen beziehungsweise Ergebnisse von Arbeitsgruppen direkt auf großen Papierbögen fest oder protokollieren mit. Auch Teilnehmerplakate reichen in der Gestaltung vom grafischen Kunstwerk bis zum Plakat-Graffiti.

Tipps zur Plakatgestaltung

Mit den folgenden Tipps zur Postergestaltung traktieren wir Referenten und Plakatautoren und die Schreiber der Arbeitsgruppen:

Fünf Tipps für gute Plakate

1. **Überschrift:** Jedes Plakat hat einen Namen!
2. **Struktur:** Der Aufbau muss mit einem Blick erkennbar sein! Da helfen Blockbildung, Trennlinien, Kästen.
3. **Bild schlägt Wort:** Nicht nur Text, sondern auch Schemazeichnungen, Diagramme oder Bilder verwenden!
4. **Farben:** Sie beleben das Plakat und erleichtern den Überblick!
5. **Fernwirkung:** Aus mindestens sieben Metern Entfernung müssen Plakate noch gut lesbar sein!

Workshop-Plakate müssen keine grafischen Meisterwerke sein. Zu gestylte »Messeplakate« könnten sogar den Eindruck erwecken, es sei schon alles fix und fertig! Aber zumindest von mitgebrachten Postern darf man erwarten, dass sie übersichtlich und gut lesbar sind, die Botschaft »rüberbringen« und das Publikum ansprechen.

Stift und Schrift

Die richtigen Filzstifte. Dünne und blasse Stifte sind Workshop-Feinde und deshalb schon gar nicht im Moderatorenkoffer. Vier Farben in zwei Strichstärken sind Standard (aber nicht gleichzeitig auf einem Plakat). Experimentieren Sie mit verschiedenen Strichstärken. Verwenden Sie auch nur Filzstifte mit Keilspitze!

Stifthaltung ist (fast) Glaubenssache. Wir predigen: »Kante statt Spitze!« Stift mit einer Filzkante gleichmäßig auf das Papier setzen, schreiben und dabei nicht mehr drehen. Das ergibt attraktive Dick-dünn-Schriften. Praktisch sind Stifte mit Griffmulden (Neuland). Damit schreiben auch ungeübte Workshop-Teilnehmer richtig. Viele Teilnehmer sind zudem dankbar für Schreibtipps. Am besten, Sie machen es vor.

Buchstabengröße und Schrift. Die Buchstaben müssen mindestens fünf Zentimeter hoch sein, sonst ist das Plakat aus fünf Metern kaum noch zu entziffern! Druckschrift mit Groß- und Kleinbuchstaben erhöht die Lesbarkeit. Unten sehen Sie ein Schriftmuster von Neuland (s. auch www.neuland.at/schrift). Praktischerweise gibt es für den PC von Neuland den gleichnamigen Schriftfont. Mit dem Computer vorbereitete Plakate sehen damit aus, als wären sie perfekt mit der Hand geschrieben.

Überraschende Applikationen auf Pinnwand

Bei schnellen Spontanplakaten genügt Filzstift (möglichst zwei Farben) auf Packpapier. Bei vorbereiteten Plakaten ist viel mehr möglich:

- Die Überschriften schreibt man einheitlich auf lange, schmale Papierstreifen (zum Beispiel aus dem Moderationskoffer) oder auf die etwas aus der Mode gekommenen »Wolken«. Wir nadeln Überschriftstreifen ganz oben an die Pinnwand – und zwar so, dass sie 5 cm überstehen. Das schafft Platz auf dem Plakat.

- Wörter, Zeilen oder Flächen mit farbigen Wachsmalkreiden in Blockform hervorheben. Mit einem Zug bekommen Sie das Farbwachs vier Zentimeter breit auf Pinnwand- oder Flipchartpapier.
- Für eine kräftigere Farbunterlegung empfehlen wir: Mit Filzstift auf farbige Kartons schreiben (diese gibt es auch im DIN-A3-Format in Kopierläden) und diese Applikationen an die Pinnwand kleben.
- Markante Vorlagen oder Schemata stark vergrößert auf (farbigen) A3- oder A2-Karton kopieren und dann auf das Plakat montieren. Mit Leuchtstiften können Sie dann noch zusätzliche Akzente setzen.
- Professionell sehen großflächige Plankopien aus, die auch in Pinnwandgröße mit dem Plotter hergestellt werden können. Gute Kopierläden machen das auch in Farbe.
- Mit Seil und Haken an der Pinnwand: Damit meinen wir keine Klettertour, sondern Sie können an der Pinnwand-Oberkante Haken einhängen und daran mit einer Schnur Gegenstände befestigen. Beispielsweise baumeln dann Gestaltungsalternativen oder typische Ausschussstücke der Produktion an der Pinnwand.

Visualisieren mit Handskizzen, Video und Beamer

Visualisierung ist weit mehr als nur Folien oder Pinnwandplakate, voll mit Zahlen, Wörtern oder Sätzen. Lassen Sie Ihre Teilnehmer Sachverhalte, Situationen, Gefühle oder Gedanken großflächig als Handskizzen darstellen. Oder verlassen Sie die Papiermedien ganz und animieren Sie Ihre Referenten und Teilnehmer zu kurzen, selbst gedrehten Videodokumentationen oder Videospots.

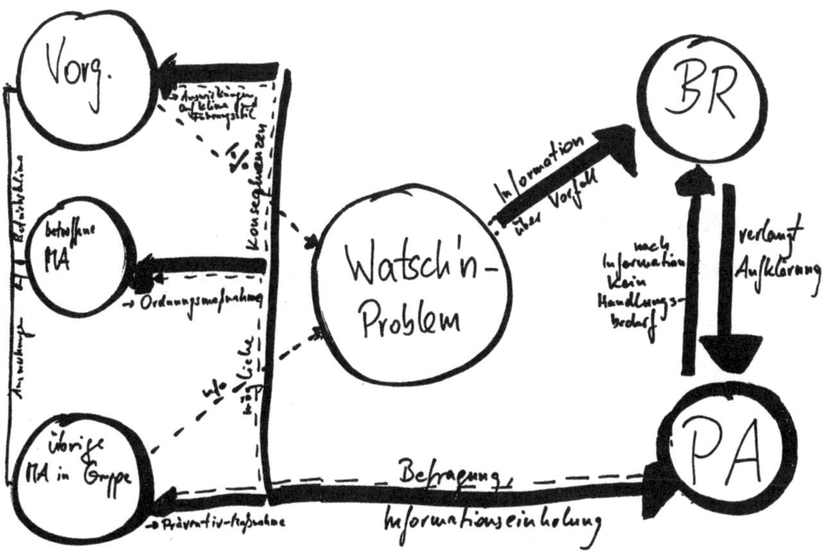

Beamerpräsentationen haben in unseren Workshops geringere Bedeutung. Sie riechen zu sehr nach Präsentation und Schulung und das »beißt sich« mit unserer Workshop-Philosophie.

Bei komplexen Informationen, die zur Arbeit im Workshop nötig sind, kommen wir um Präsentationen mit PowerPoint und Beamer aber nicht herum. Der Moderator achtet auf die Kürze. Aus dem Workshop soll kein Vortrag werden. Auch bei der Expertenbefragung sind mitunter Beamer und Laptop nötig.

Der Maßnahmenkatalog – für alle sichtbar

Im Workshop soll etwas gemeinsam erarbeitet werden. Damit das später auch Wirklichkeit wird, braucht es Vereinbarungen über Beschlüsse und Folgemaßnahmen. Diese werden gemeinsam im Workshop formuliert und für alle sichtbar visualisiert.

Maßnahmenkatalog auf Pinnwand

In fast allen unseren Workshops hängt schon zu Beginn ein »leerer« Maßnahmenkatalog an der Pinnwand an auffälliger Stelle im Raum. Das macht von Anfang an für alle das Workshop-Prinzip augenscheinlich: Nicht nur reden, sondern Nägel mit Köpfen machen! Im Prinzip sieht er folgendermaßen aus:

Maßnahmenkatalog: Riessersee, Projekt xyz

#	Was? Wie?	Wer machts?	Schnittstellen	Termine kurz-/langfristig

Der Moderator schreibt vor aller Augen die vereinbarten Beschlüsse in den vorbereiteten Maßnahmenkatalog: Wer von den Anwesenden führt die geplante Maßnahme wie aus oder ist federführend dafür verantwortlich? Welche Personen oder Institutionen soll der Verantwortliche klugerweise in die Umsetzung mit einbeziehen (= tangierte Schnittstellen)? Moderatoren sollten unbedingt darauf achten, dass das Plenum realistische Zwischen- und Endtermine vereinbart (und dass man die Verantwortlichen dabei nicht überrumpelt). Sie müssen auch klären, wer die Einhaltung des Maßnahmenkataloges begleitet und überprüft, denn nichts schadet dem Moderatoren- und Workshop-Image mehr als Beschlüsse ohne Konsequenzen.

In manchen Workshops entstehen Pinnwandplakate, die eher den Charakter von Wunschlisten haben, zum Beispiel wenn die Mitarbeiter gemeinsam Wünsche an ihren Chef formulieren und ihm diese am Schluss öffentlich »für die Heimreise in den Koffer packen«.

Bei umfangreichen Maßnahmen zerlegen wir den »Katalog«. Auf der Pinnwand steht nur der Überblick. Jede Maßnahme kommt gesondert auf einen zusätzlichen Flipchartbogen, denn so bleibt mehr Platz für ausführliche Anmerkungen. Oft wird diese Liste dann nochmals sauber abgetippt – vor allem, wenn sie später auch außerhalb des Teilnehmerkreises zirkulieren soll.

Maßnahmen: Workshop EK 4.5

Maßnahmen		Verantwortlich	Termin
1.	*Verbindungsmann für Messtechnikaufgaben*		
	a) Ansprechpartner bei EK 4.5	EK 4.5 Valery	31. Mai
	b) Verbindungsingenieure in den Fachabteilungen (dazu Schulungsangebot durch EK 4.5, mit Ziel: Gesamteffektivität steigern)	EK 4.5 Mayerle mit AL	30. Juni
2.	*Standardisierung von Mess- und Rechnertechnik*	Lehner/Boerger	1. Dez.
	a) Einheitliche Messsysteme, Reduzierung der EW- und SW-Vielfalt * Schulung mit neuen Systemen (s. a. 1.)		
	b) Abgestimmte Ausmusterung alter Geräte (schrittweise ausmustern bzw. nicht mehr warten) * Liste mit Geräten, die ausgemustert werden sollen, mit Termin für Wartungs- und Erneuerungsstopp		
3.	*Wartungsverträge*		
	Neue Systeme mit Zusicherung einer »Vor-Ort«-Wartung Für vorhandene Geräte »Vor-Ort«-Wartungsverträge * Liste mit möglichen systemen, die zur Wartung anstehen * Firmen finden, Kosten ermitteln * Verträge schrittweise einführen	EK 455 H. Pale H. Schreyer H. Satzinger	15. Juni 15. Okt. 31. Okt. 31. Okt.
4.	*Sprechstunden*		
	Service-Sprechstunden für Fachabteilungen	Ulmer u. GL 4.5	30. Sept.

Workshop-Dokumentation

Wichtige Workshopschritte werden im Bild festgehalten

Maßnahmenkataloge sind schlichte Ergebnis- und Aktionsprotokolle – daher sollen sie kurz und knapp gehalten werden. Sie entstehen noch im Workshop, und wenn es klappt, halten die Teilnehmer sie am Schluss der Veranstaltung kopiert in den Händen.

Bei manchen Workshops entstehen umfangreichere Dokumentationen. Neben Ergebnisprotokollen enthalten sie ergänzendes und »animierendes« Material, zum Beispiel Plakate, Redebeiträge oder Expertenaussagen und vor allem Fotos von Teilnehmern oder Workshop-Gästen in Aktion. Dem Workshop wird so rückwirkend eine besondere Note verliehen.

Solche Dokumentationen sind für alle Teilnehmenden nützlich und es macht Freude, darin zu blättern. Und zudem tragen sie die persönliche Handschrift des Moderators.

Folgende Fragen sollten Sie sich schon vor dem Workshop stellen oder mit dem Auftraggeber klären:

- Wer braucht überhaupt eine Workshop-Dokumentation und wozu?
- Wer koordiniert und macht die Arbeit von der Konzeption bis hin zum Versand?
- Welche Form der Dokumentation und welcher Grad an Perfektion ist sinnvoll?
- Nützt eine zusätzliche, abgespeckte Fassung für das Außenpublikum – parallel zur ausführlichen Version für Teilnehmer- und Insiderkreis?

Der einfache Weg, Foto-Dokumentationen herzustellen

Wir fotografieren mit einer Digitalkamera alles, was auf Pinnwänden und Flipcharts während des Workshops entsteht, achten aber auch darauf, den Entwicklungs- und Arbeitsprozess einzufangen. Das sind Bilder mit Workshop-Teilnehmern beim Arbeiten.

Die Fotos kommen auf dem Rechner in einen eigenen Ordner. Für einfache Dokumentationen verwenden wir Office-Programme. PowerPoint im Hochformat ziehen wir Word vor, weil jede Seite separat ohne Einfluss auf eine andere bearbeitet werden kann.

Kopf und Fußzeilen geben Orientierung und lassen die Dokumentation professionell aussehen. Die Fotos werden chronologisch beziehungsweise der in dem Entwicklungsprozess entstehenden Reihenfolge eingefügt. Bei den einfachen Dokumentationen bearbeiten wir die Bilder vorher nicht. Die Symbolleiste »Grafik«, die es bei Word und PowerPoint gibt enthält ausreichend Werkzeug. Die zwei meist gebrauchten sind »Zuschneiden« und »Mehr Helligkeit«.

Ganz ohne ergänzende Texte kommen Foto-Dokumentationen selten aus, besonders dann, wenn sie auch für Außenstehende, die beim Workshop nicht dabei waren, nachvollziehbar sein sollen. Das sind dann meistens Textfelder bei den Bildern mit Ergänzungen wie: »Aus den vielen Ideen wurden zehn ausgewählt und in Gruppen vertieft.« Oder: »Dieses Plakat wurde kontrovers diskutiert. Position A kritisierte den hohen Aufwand bei der Umsetzung dieser Maßnahme. Position B sah die Maßnahme als Voraussetzung für alle anderen.«

Bilder mit Teilnehmern in typischen Situationen geben dem Protokoll einen besonderen Touch. Auch bei der Gestaltung des Titelbildes achten wir darauf, das Besondere des Workshops darzustellen.

Der Hauptversandweg für Dokumentationen ist inzwischen das Mailen. Dazu ist die so entstehende Datei zu groß. Große dateien wandeln wir in ein pdf-Format um. Wenn wir die Option »kleinste Dateigröße« oder »Minimieren« wählen, ist die Datenmenge so klein, dass die Dokumentation bequem als Mailanhang versandt werden kann.

Workshop-Dokumentation: Wer will oder braucht sie?

- **Workshop-Teilnehmer**
  Sie wollen inhaltlich nachschlagen oder Spaß haben beim Blättern. Dann braucht es ein Inhaltsverzeichnis, aber nur wenige Kommentierungen. Beliebt sind Aktionsfotos aus dem Workshop.
- **Kolleginnen und Kollegen der Workshop-Teilnehmer**
  Sie waren bei der Veranstaltung nicht dabei, möchten aber erfahren, was dort gearbeitet und beschlossen wurde. Diesem Personenkreis helfen kurze Anmerkungen und Kommentare.
- **Auftraggeber**
  Sie waren als Verantwortliche, Vorgesetzte oder Projektleiter mit entscheidend dafür, dass dieser Workshop überhaupt stattfand. Diese Leser brauchen die Dokumentation u.a. als Legitimation und um die Umsetzung von Beschlüssen überprüfen zu können.
- **Indirekt Betroffene**
  Nachbarabteilungen und andere Instanzen in der Organisation, die von den Workshop-Beschlüssen tangiert sind: Sie möchten Details nachschlagen, die sie selbst betreffen.
- **Paten**
  Mächtige Förderer in der Hierarchie, die den Workshop-Beschlüssen Rückendeckung und Hilfe angedeihen lassen sollen. Sie möchten rasche Orientierung und ein »gutes Gefühl« für ihr Engagement.
- **Workshop-Gäste und Referenten**
  Die Dokumentation kann man ihnen als kleines Dankeschön für ihr Mitwirken schicken. Da ist die gute Aufmachung natürlich wichtig.
- **Presse**
  Die breite Öffentlichkeit will ebenfalls meist nur einen schnellen Überblick und sie lässt sich von attraktiver Aufmachung beeindrucken.
- **Der Moderator**
  Eine gute Dokumentation ist willkommene Gedächtnishilfe und Fundgrube für die Planung kommender Workshops.

Tipps vom Doku-Profi

Hermann Beiler, unser technikbegeisterter Profi in Sachen digitale Dokumentation, gibt genauere Tipps vor allem für das Bearbeiten der Bilder. Seine Stärke ist übrigens die Sofortdokumentation. Er schafft es, am Ende des Workshops allen Teilnehmern eine fix und fertige Dokumentation edel gebunden in die Hand zu drücken.

Ausrüstung

Digitalkamera. Die Kamara sollte über ein lichtstarkes (etwa f:2,8) optisches 3-fach (mindestens) Zoomobjektiv und 4 Mio. Pixel Auflösung verfügen. Eine höhere Auflösung erzeugt sehr große Datenmengen und bringt kaum Vorteile. Wichtig ist, immer den richtigen Bildausschnitt zu wählen. Bei zu groß gewähltem Bildausschnitt gehen beim späteren Beschneiden mehr »Pixel« verloren, als durch einen hoch auflösenden Bildsensor gewonnen werden.

Speicherkarten. Schnelle Speicherkarten (das sind leider nicht immer die billigsten) mit 1 bis 4 GB Speicherkapazität erlauben das Speichern vieler Bilder in höchster Auflösung und guter Qualität ohne die Karte wechseln zu müssen.

Batterie- beziehungsweise Akkusatz. Batterien und Akkus werden zum Wechseln benötigt, und Akkuladegerät nicht vergessen!

Notebooks. Alle heute gängigen Notebooks genügen für die Verarbeitung der Dokumentation. Wichtig ist ein genügend großer Arbeitsspeicher.

Lesegeräte. Eingebaute oder externe (USB 2.0) Lesegeräte für die Speicherkarten beschleunigen den schnellen Datenaustausch. Das Überspielen der Bilder mithilfe eines USB-Kabels von der Kamera zum Rechner mittels meist mitgelieferter Software ist in der Regel relativ langsam.

Drucker und Bindegerät. Wer am Ende des Workshops jedem Teilnehmer eine Dokumentation in die Hand geben will, druckt sie gleich an Ort und Stelle aus. Dafür braucht es schnelle Laserdrucker mit mindestens 600 dpi Auflösung. Wer seinen eigenen Drucker nicht mitschleppen will, sollte die Voraussetzung für den Druck sicherstellen (kompatible Software, Treiber, Anschlüsse).

Statt die Ergebnisse auszudrucken, lassen sich diese auch mit geeigneter Software »webfertig« verarbeiten und ins Netz stellen. Dazu genügt ein Internetzugang. In unserer Arbeit hat sich die fest gebundene Dokumentation bewährt. Damit hat man keinen Blättersalat und die Bindung macht einiges her.

Bildbearbeitung am Rechner

Alle Fotos von der Digitalkamera auf den Rechner überspielen. Bildübersichtsprogramme erleichtern den Überblick und drucken auch Bildkataloge.

Die ausgewählten Fotos auf die »richtige« (für Druck oder fürs Netz) Größe und Auflösung bringen und wenn nötig die Bildausschnitte optimieren (außenherum alles Unwichtige »wegschneiden«). Schlecht lesbare Schriften und falsche Belichtung lassen sich ebenfalls nachbessern. Dazu gibt es zum Beispiel bei IrfanView (www.irfanview.de, Freeware!) eine automatische Bildverbesserungsfunktion und eine komfortable Batchverarbeitung. Damit werden viele Bilder in einem Arbeitsgang bearbeitet. Die fertig gestellten Bilder werden am besten in einem eigenen Verzeichnis (»bearbeitet«) gespeichert. Dadurch bleiben für den Fall des Falles die Originale erhalten und die weitere Verarbeitung wird beschleunigt.

Die »fertigen« Bilder werden in ein entsprechendes Layout eingefügt und mit Bildunterschriften und Kommentaren versehen. Das geht sowohl mit Grafik- oder DTP-Programmen wie CorelDraw, aber genauso gut und oft sogar noch schneller mit Office-Programmen wie Word, PowerPoint oder entsprechenden Open-Source-Programmen. Gerade in Word oder PowerPoint macht sich die vorherige Bildbearbeitung bezahlt: Fotos müssen nicht erst mühsam mit der Maus klein gezogen werden. Helligkeit und Schärfe stimmen schon.

Nun kann die fertige Dokumentation ausgedruckt werden.

Eine Konvertierung ins PDF-Format (AdobeAcrobat, PDF-Creator, FreePDF) ermöglicht das Erstellen eines fast beliebig komprimierten Dokuments in unterschiedlichen Auflösungen. So lassen sich druckbare oder für das Netz optimierte Dateien erstellen, die sich zum Beispiel ins Intra- oder Internet stellen oder auch gut per E-Mail verschicken lassen.

Nichts ist so schnelllebig wie die digitale Technik. Deshalb gibt es unter www.workshoptraining.net eine von Hermann Beiler laufend aktualisierte Anleitung zum Herstellen von digitalen Dokumentationen.

Dokumentation: Häufige Fragen – unsere Antworten

? **Wie schaffen Sie das? Parallel zur Moderation auch noch die Dokumentation?** Das ist tatsächlich ein Problem – auch für uns. Wir arbeiten gerne mit Workshop-Helfern, die uns die Dokumentation abnehmen. Da gibt es natürlich eingearbeitete Profis. Wir haben aber auch gute Erfahrungen mit Praktikanten oder Studenten gemacht.

? **Muss es denn wirklich immer eine Sofortdokumentation sein?** Nein! Nicht immer muss die Dokumentation am Ende der Veranstaltung fertig sein. Eine Erleichterung ist es, wenn dann zumindest alle Bilder geprüft und gespeichert sind. Dann kann man die Dokumentation anschließend rasch über die Bühne bringen.

? **Was kann man mit dem digitalen Equipment sonst noch anfangen?** Mit Kamera, Rechner und Drucker kann man Arbeitsgruppen auch während des Workshops noch kurzfristig mit Ausdrucken von Pinnwandplakaten, Zusatzinformation oder Arbeitsaufträgen versorgen. Dieses schnelle Herstellen von Ad-hoc-Material vor Ort finde ich äußerst praktisch.

? **Was halten Sie von Pinnwand-Protokollkopierern, Copyboards und Sofortbildkameras?** Nichts mehr! Das sind alles technisch überholte Insellösungen: schwerfällig, unflexibel, mit schlechter Bildqualität und ohne Anbindungsmöglichkeit an den PC. Die werden in kurzer Zeit aussterben.

? **Was kann ich tun, damit die Bilder meiner Dokumentation gelingen?** Vor lauter Aufnahmetechnik ist die Basis-Visualisierung in den Hintergrund gerutscht: Aus übervollen und unübersichtlichen Pinnwandplakaten kann selbst der beste Fotograf keine guten Bilder zaubern. Also schon während des Workshops auf gute Visualisierung achten! Nur dicke und kräftige Filzstifte verwenden! Manche Farben kommen beim Fotografieren oder Kopieren schlechter als erwartet. Machen Sie daher vor Workshop-Beginn einen »Farbtest«.

? **Ich habe den Verdacht, EDV-gestützte Dokumentationstechnik verselbstständigt sich!** Da ist was dran. Aber das ist Risiko jeder neuen Technik. Die entscheidenden Fragen: Braucht der Workshop überhaupt eine Dokumentation? Welche Form unterstützt die Workshop-Ziele optimal? Welche Vorteile hat eine superschnelle Dokumentation? Steht der Aufwand in vernünftiger Relation zum Nutzen?

? **Und was halten Sie von E-Mail- und Intranet-Dokus?** Anfangs waren wir begeistert. Umgewandelt in pdf-Dateien (kleinste Dateigröße) lassen sich auch umfangreiche Dokumentationen als E-Mail verschicken. Wir haben die Dokus auf speziellen Internetseiten (mit Passwort) oder im Intranet für die Teilnehmer zum Downloaden hinterlegt.
Wir stellten aber fest, dass diese Möglichkeiten nur spärlich genutzt werden. Deshalb kehren wir immer häufiger zum »Papier« zurück. Wir drucken die Dokumentationen farbig aus und verschicken sie.

? **Haben Sie noch einen Spezialtipp?** Ja, einen »Medienzauberer«. Der dokumentiert alle zentralen Aussagen und Thesen sachlich-bildlich und gleichzeitig sehr dekorativ auf viele Einzelkartons und zeigt sie am Ende jeder Arbeitsetappe der Gruppe zur Abstimmung. Dann scannt er alles und gruppiert das im Rechner als verschiebbare, dreidimensionale, virtuelle Wissensräume. Per Großbildprojektion kommen anschließend alle Workshop-Aussagen an die Wand. Der Workshop wird so im wahrsten Sinn des Wortes räumlich-plastisch und nahezu begehbar. Ich habe das auch in Großgruppen-Veranstaltungen als sehr eindrucksvoll erlebt. Die entstehende Zeichnung wird zum Teil direkt mit der Videokamera auf die große Leinwand übertragen. Das schafft Live-Atmosphäre und schnellen Überblick (vgl. Frank 2004).

Hermann Will

Umsetzung anschieben

Aus: Das große Workshop-Buch

Workshops ohne Konsequenzen kommen mehrfach teuer: Die Arbeitszeit der Teilnehmer und der Moderator kosten Geld, Reisekosten fallen an. Aber viel übler sind andere Auswirkungen: Die Beteiligten sind enttäuscht. Ihre Einsatzbereitschaft verpufft. So leicht kann man sie nicht mehr erneut aktivieren.

Woran liegt es, dass manche Workshops trotz guter Absicht und guter Arbeitsatmosphäre und trotz Maßnahmenkatalog samt Dokumentation keine Früchte tragen?

Beispiel: Die »guten Vorsätze« der Personalabteilung

Die fünfzehn Mitarbeiterinnen und Mitarbeiter der Personalabteilung gehen auch dieses Jahr wieder in zweitägige Klausur. Ein externer Moderator soll für straffen Ablauf und für Ergebnisse sorgen. Im Vorbereitungsgespräch wurde deutlich: Es gibt kein direktes Konfliktthema, aber es herrscht gedrückte Stimmung. Das Unternehmen ist im Umbruch und alle warten wie gebannt auf Entscheidungen von »ganz, ganz oben«. Das immer schon etwas zögerliche Handeln des Personalchefs macht die Situation für die Mitarbeiter nicht leichter. Das alles kommt in der Klausur auf den Tisch, wird analysiert und diskutiert. Gegen Ende des Workshops kommt gedämpfter Optimismus auf. Die Gruppe entwickelt Initiativen »auf eigene Faust«, statt nur hypnotisiert abzuwarten. Man hofft, dass wenigstens einige der Ideen die Umbruchzeit überstehen. Plakate und Maßnahmenkataloge entstehen und eine lange »Wunschliste« der Mitarbeiter an ihren Chef. Nach dem Workshop verschickt der Moderator eine umfangreiche Dokumentation aus Pinnwandkopien, Maßnahmenkatalog und der »Wunschliste«. Einen Monat später erkundigt er sich bei einzelnen Teilnehmern und beim Personalchef nach dem Stand der Dinge. Wenig ist seitdem passiert, eigentlich nur das, was sowieso anstand. Die weiter reichenden Beschlüsse und Wünsche sind im Alltagsgeschäft untergegangen – »bis jetzt noch«, so lautet die vertröstende Antwort. Vier Wochen später gibt es weitgehend die gleiche Aussage. Fast nichts wurde umgesetzt und die Mitarbeiter sehen keine Auswirkung ihrer »Wunschliste«.

Was hätte geschehen müssen, um die Chancen für einen längerfristigen Umsetzungserfolg zu erhöhen? Und weiter: Zu welchem Zeitpunkt und in welchem Maße ist das »Anschieben« überhaupt die Aufgabe des Moderators?

Was kann man schon im Vorfeld für die Umsetzung tun?

Wer schon in dieser frühen Planungsphase an die Umsetzung denkt, spart sich und anderen später viel Mühe mit dem Anschieben nach dem Workshop – und daher manche Enttäuschung.

Zielarbeit im Vorfeld: Wie realistisch ist die Zielerreichung?

Schätzen Sie schon vor dem Workshop die Chancen für die spätere Zielerreichung ab – auch wenn das nur prognostisch und ungenau geht: Sind die Ziele unter den gegebenen Umständen sinnvoll und realistisch? Von welchen Faktoren und »Randbedingungen« hängt der spätere Erfolg mit ab? Wer will diese Ziele überhaupt erreichen – und wer hat (vermutlich) andere oder gar gegensätzliche Wunschvorstellungen? Und vor allem: Sind die Ziele handfest und konkret genug für eine spätere Erfolgskontrolle?

Die Prüffrage dazu lautet: »Woran merken Sie nach dem Workshop, dass dieses Ziel erreicht worden ist?« Das sorgt bei hoch gesteckten oder nebulösen Zielen für »Bodenhaftung«, schafft Voraussetzungen für die Workshop-Evaluation und dient »ganz nebenbei« auch der späteren Umsetzung.

Der interne Workshop-»Puscher« als Partner des externen Moderators

Wer als externer Moderator nur für die Leitung einer Veranstaltung engagiert ist, tut dennoch gut daran, den Workshop als intern längerfristiges »Projekt« zu sehen (auch wenn das nicht so heißt). Die kontinuierliche Betreuung des Workshop-Vorhabens und dessen Verknüpfung mit dem Arbeitsalltag übernimmt der »interne Prozessverantwortliche«, wir nennen ihn Workshop-»Puscher«. Er ist offizieller Ansprech- und Koordinationspartner des Moderators. Häufig ist das der Chef des auftraggebenden Bereichs beziehungsweise dessen Stellvertreter, gelegentlich ein »normaler« Mitarbeiter mit Energie, Engagement, Autorität und Ressourcen. Mit diesem Internen vereinbart der Moderator schon vor dem Workshop die Stafettenübergabe für nachher und die Art der Umsetzungskontrolle. Manchmal ist es gut, dass der Moderator nach Ende des Workshops dem internen »Puscher« noch als Berater oder Coach zur Verfügung steht.

Zuständigkeiten klären

Der Moderator »von außen« (also nicht aus dem Organisationsbereich, der moderiert wird) ist in der Regel Methodenspezialist und primär für das Vorgehen zuständig. Für Inhalte, Zielsetzung und die Umsetzung zeichnen dagegen vor allem Interne verantwortlich (Auftraggeber, Initiatoren, Workshop-Puscher und Teilnehmer). Solch zweigeteilte Verantwortung für Methoden einerseits, Inhalte und Umsetzung andererseits braucht absolut klare Absprachen über Zuständigkeiten und Schnittstellen: Wer übernimmt welche Vorfeldkontakte? Wer sorgt für die Einbindung des Umfelds? Wer begleitet und überprüft später die Realisierung? Aufgaben, Zuständigkeiten und Verantwortung der Moderatoren sind bei jedem Workshop unterschiedlich – immer so, wie es Sinn macht –, aber sie müssen so früh wie möglich klar geregelt sein!

Schirmherren: Beschlüsse »hoch aufhängen«

Wer seinen Beschluss öffentlich erklärt, kann ihn später nicht so leicht zurücknehmen. Nutzen Sie diesen Mechanismus öffentlicher Selbstverpflichtung! Animieren Sie also Ihre Workshop-Initiatoren, weithin bekannt zu geben, dass man nun das Thema X angeht, und laden Sie einflussreiche Personen, die Presse und hohe »Firmenhierarchen« zur Veranstaltung ein (zum Beispiel als Workshop-Gäste). Anschließend sorgen Sie dafür, dass eine attraktiv aufgemachte Dokumentation mit diesen Beschlüssen an möglichst viele einflussreiche Leser verschickt wird.

Was man während des Workshops für die Umsetzung tun kann

Ein gut geplanter, methodisch eleganter und zielgerichteter Workshop erhöht die Chancen, dass die angestrebten Ziele auch erreicht werden. Aber kann man darüber hinaus noch etwas für den Umsetzungserfolg tun?

Kollektive Rauschzustände abfangen

Manche Workshops machen »high« (oder blind). In solch kollektiven Rauschzuständen fassen euphorisierte Teilnehmer oft Strohfeuerbeschlüsse, die sie einige Tage später gar nicht mehr so toll oder kaum realisierbar finden. Andere überlasten sich mit Folgeaktivitäten, die ihre Kapazitäten und Fähigkeiten überfordern. Vorsichtige Moderatoren bleiben da »nüchtern« und haben schon im Workshop den grauen Alltag im Auge: Haben die angedachten Beschlüsse überhaupt eine Chance umgesetzt zu werden? Lassen sie sich wirklich in die Alltagsabläufe integrieren? Passen sie zum Umfeld? Reichen die Ressourcen? Wenn in einem der Punkte Zweifel auftauchen, dann schlägt man Alarm.

Maßnahmenkatalog nach allen Regeln der Kunst

Maßnahmenkataloge sind öffentliche Ziel- und Ergebnisverpflichtungen der Workshop-Teilnehmer. Für die Maßnahmen und die Vorhaben gilt folgende Qualitäts-Checkliste:

Sind die Maßnahmen inhaltlich o.k.? Beschlüsse und Maßnahmen müssen inhaltlich »in Ordnung«, fair und möglichst breit akzeptiert sein. Zumindest aber müssen sie nachvollziehbar sein.

Sind die Maßnahmen konkret und überprüfbar? Generell gilt: Lieber ganz wenige und konkrete Maßnahmen – aber die umsetzen! Nicht nur die Ziele (das »Was«), sondern vor allem auch die Schritte und Wege dorthin (das »Wie«) gehören eindeutig festgelegt. Am besten, man vereinbart gleichzeitig Zeitpunkte und Art der Erfolgskontrolle. Auch über die Schnittstellen beziehungsweise notwendigen »Spielpartner« wird man nachdenken.

- ***Gibt es konkrete Zwischenziele?*** Zu weit gespannte und zu hoch gesteckte Beschlüsse bergen Umsetzungsrisiken! Darum Zwischentermine und Etappenziele festlegen! Pflicht und Kür: Welche der gesteckten »Minimalziele« müssen auf alle Fälle erreicht werden?

- ***Sind die Zuständigkeiten klar und freiwillig?*** Niemanden mit Zwang »bereit erklären«. Wenn Abwesende Aufgaben übernehmen sollen, dann zeichnet zumindest ein anwesender Workshop-Teilnehmer dafür verantwortlich, dass er das »Opfer« dazu bringt, die Maßnahme auch durchzuführen.

- ***Haben die Vorhaben »Verfallsdaten«?*** Keine Maßnahme gilt »für ewig«! Klugerweise haben auch Workshop-Beschlüsse ihre Gültigkeitsgrenzen: entweder einen festen Endtermin (»Befristeter Testlauf bis zum Ende des Jahres«) oder sie gelten bis zum Eintritt definierter Ereignisse (»So lange, bis die Fehlerrate auf x % gesunken ist«).

  Nach Ablauf der »Gültigkeit« wird über Ende, Nachjustieren oder (erneut befristete) Fortführung der Maßnahme entschieden.

- ***Sind Notfalllösungen angedacht?*** Es kommt immer anders, als man denkt! Sind Schwellenwerte für »Alarmsignale« und fürs Nachjustieren definiert? Gibt es bereits Notlösungen für voraussehbare Krisenfälle?

Umsetzung anschieben: Möglichkeiten nach dem Workshop

Wer erst nach dem Workshop mit dem Schieben anfängt, ist zu spät dran. Aber ein paar flankierende Umsetzungshilfen im Nachhinein gibt es doch. Wer dafür zuständig ist, hat man schon im Vorfeld geregelt.

Teilnehmer und Workshop-»Puscher« in Aktion

Jetzt sind die Teilnehmer an der Reihe: Es war ihr Workshop und es waren (hoffentlich) ihre Maßnahmen. Aber das braucht Umsetzungshilfen, Koordination und Kontrolle. Dies besorgt der Workshop-»Puscher« – notfalls als »Einpeitscher«. Er prüft, ob die vereinbarten Maßnahmen termingerecht umgesetzt werden, achtet auf die Koordination der Aktivitäten, organisiert Hilfe und mobilisiert notfalls nochmals Paten und Unterstützer.

Erinnerungssignale senden

Der Weg zur Hölle ist mit guten Vorsätzen gepflastert. Darum sollten dezente »Erinnerungshilfen« nicht fehlen. Als externer Moderator wird man im Nachhinein bei einzelnen (oder allen) Teilnehmern nachtelefonieren oder Erinnerungssignale per E-Mail senden.

Zwischen- und Folgetreffen

Bei größeren Projekten werden konkrete Folgetermine festgelegt. Entweder sind alle wieder da oder nur die Verantwortlichen des Maßnahmenkatalogs (und eventuell ein paar wichtige Gäste). Themen solcher Treffen sind: Wie ist der Stand der Dinge? Was läuft nach Plan? Wo gibt es Probleme bei der Umsetzung? Müssen einzelne Maßnahmen »nachjustiert« werden? Wie geht es weiter?

Workshop-Evaluation

Workshops sind aufwendig. Daher sollte es alle interessieren, ob sich die Mühe gelohnt hat und wo es eventuell noch hakt. Workshop-Evaluation (Erfolgskontrolle) braucht nicht allen empirischen Standards der Sozialwissenschaften zu genügen. Für einen raschen Überblick reicht häufig eine einfache Erfolgskontrolle des Typs »quick and dirty«. So erfährt man beim noch laufenden Projekt, wo man noch »drehen« muss (vgl. Will/Winteler/Krapp 1987).

Weißwurstfrühstück oder Abschlussfest?

Erreichte Ziele und gute Ergebnisse fallen niemandem in den Schoß. Wenn alle auf ihre Weise mitgewirkt haben, dann sollten auch alle etwas davon haben. Bei einem »Abschluss« oder einem »Etappensieg« steht dann eine gemeinsame »Siegesfeier« oder ein »Weißwurstfrühstück« für alle ins Haus – und natürlich sind die Förderer, Paten und Helfer gleichermaßen mit eingeladen. Schließlich haben auch sie ihren Beitrag geleistet.

Hermann Will

Krisenmanagement

Aus: Das große Workshop-Buch

Wie jeder weiß, gibt es keine sicheren Rezepte für das Krisenmanagement im Workshop. Jede Veranstaltung ist anders. Jeder Moderator hat seine persönliche Charakteristik und mancher Teilnehmer will wie eine Diva ganz speziell behandelt werden. Trotzdem sucht man Lösungsideen: Was tun – vorbeugend und im Notfall?

Konflikt- und Krisenindikatoren

Wenn sich Teilnehmer lautstark in die Wolle kommen, wenn sich der Workshop in zwei Kampflager spaltet und nichts mehr geht oder wenn der Moderator allein auf weiter Flur steht, dann sind Konflikte in voller Blüte und »Notfalllösungen« angesagt. Die größere Gefahr für Workshops sind allerdings die weniger spektakulären, leisen und unterschwelligen Krisen, denn da wahren alle halbwegs die Form und nur unter der Decke rumort es. Dadurch sind die Konflikte schwerer zu orten und für die Energieabfuhr fehlen die rettenden »Überdruckventile« des offenen Streits.

Ideal, wenn man aufsteigendes Konflikt- und Krisenpotenzial schon im Frühstadium erkennt. Hier einige Frühindikatoren:

- ***Regelverletzungen.*** Zu spät kommen und zu früh gehen. Telefonate und Faxe werden »dringlicher« und stören den Ablauf des Workshops. Zunehmend Seitengespräche. Niemand kümmert sich bei Gruppenarbeiten um Zeit und Visualisierung.

- ***Sinkendes Engagement der Teilnehmer.*** Schleppender Verlauf mit immer geringerer Beteiligung. Die Gestaltungs- und Beschlusskraft des Plenums sinken. Gruppenarbeiten »fransen aus« und enden ohne konkrete Ergebnisse.

- ***Mehr persönliche Konflikte.*** Die Teilnehmer fallen sich ins Wort. Verstärkt Angriffe der Teilnehmer untereinander. Gegenseitige Hilfsangebote und Zugeständnisse nehmen ab. Unnachgiebigkeit und Verweigerung von Kompromissen. Auseinanderfallen von Arbeitsgruppen.

- ***Methodenkritik.*** Zweifel an der Effektivität des Workshops, Kritik am Vorgehen des Moderators werden geäußert. Methodenverweigerung (Vorsicht: Oft haben die Teilnehmer Recht!).

Ursachen für Workshop-Krisen

Es gibt viele Gründe, warum es in Workshops schwelt oder lichterloh brennt. Wer gründlich im Vorfeld recherchiert hat, kennt zumindest einige davon und kann sich darauf einstellen. Für Überraschungen lauert dann immer noch genügend »im Gebüsch«:

Rache für den Zwangs-Workshop. Wenn Workshops oder Beschlüsse durchgeboxt werden und ein Teil der Leute nur notgedrungen mitmacht, weil offener Widerstand keine Chancen hat, dann sind Passivität und latenter Widerstand verständlich.

Selten nur reine Sachprobleme! Um Sachthemen kann man sich streiten, aber ernsthaft und dauerhaft in die Wolle kommt man sich deshalb nur selten. Aber nicht alle, die über die Sache reden, reden wirklich über die Sache! Wenn »Differenzen« hochkochen, dann haben sie häufig tiefer sitzende emotionale Wurzeln. Wer als Moderator »riecht«, dass das augenblickliche Oberflächenthema nicht das ist, worum es eigentlich geht, wird nicht mehr lange bei diesem Thema bleiben wollen. Man kann versuchen, das strittige Pseudothema auszuklammern oder zu vertagen. Das ist zwar keine echte »Konfliktlösung«, aber immer noch besser als Weitermachen – und manchmal nimmt das »den Dampf raus«. Wer sich Chancen ausrechnet, wird einen Versuchsballon steigen lassen und vorsichtig das tiefer liegende Problem antippen.

Geht es um Kopf und Kragen? Bei Workshops gibt es nicht immer nur Gewinner. Beispielsweise werden Teilnehmer in einem Workshop über Kostensenkung und Rationalisierung wohl zu Recht dem Ergebnis mit Skepsis entgegensehen (auch wenn ihr Kopf wissen mag, dass das Thema nötig ist): Verschwindet mein Arbeitsplatz? Verliere ich an Einfluss- und Gestaltungsmöglichkeit? Was bleibt mir? Wen wundert es da, wenn Nerven offen liegen und das Konfliktpotenzial hoch ist. Da macht es wenig Unterschied, ob die Bedrohung real besteht oder nur befürchtet wird.

»Gruppendynamik« und alte Geschwister- und Familienthemen? Der Kopf denkt, aber der »Bauch« lenkt! Jede Workshop-Gruppe entwickelt ihre eigene Dynamik. Das aktiviert bei Teilnehmern (und beim Moderator!) stets auch alte Verhaltensmuster. Manche davon hat man schon seit Kindesbeinen: Bekomme ich genügend Anerkennung? Drängen sich andere an mir vorbei in den Vordergrund? Mögen die mich oder lassen sie mich im Regen stehen? Wer bekommt schon wieder das größte Kuchenstück?

Moderatoren sind keine Therapeuten und werden daher solche Emotionen kaum zum Thema machen. Aber zumindest für das Verständnis des aktuellen Geschehens hilft diese psychologische Betrachtungsweise.

»Alte Rechnungen« und »Leichen im Keller«. Nicht alles spielt im Unbewussten: Manche Teilnehmer bringen ganz gezielt, mehr oder minder gut kaschiert, alte Fehden und offene Rechnungen mit in den Workshop. Der Workshop bietet noch zusätzliches Publikum, also die optimale Bühne für heiße Duelle und Schaukämpfe.

Der Moderator als Bombenleger oder Drachenkämpfer? Kunstfehler gehören mit zum Moderatorenhandwerk: Im Eifer des Gefechts wird man Situationen falsch einschätzen, ungenügend informieren, einzelne Teilnehmer unangemessen behandeln, das Ziel aus den Augen verlieren, Vorschläge überhören oder Methoden zum falschen Zeitpunkt einsetzen. Zu echten Krisen führt das erst, wenn sich Kunstfehler häufen oder wenn sie als Tüpfelchen auf dem i bereits hochexplosive Pulverfässer zum Zünden bringen. Krachen wird es auf alle Fälle, wenn der Moderator auf Biegen und Brechen etwas gegen die Gruppe durchsetzen will. Unser Tipp: Gestehen Sie ein, dass Sie den roten Faden verloren haben und nicht mehr weiterwissen, oder bitten Sie um Entschuldigung.

Prinzipien und Techniken für den Krisenfall

Wen stört eigentlich die »Störung«? Manche Krise erlebt der Moderator dramatischer als die Teilnehmer. Bringt sie vielleicht »nur« den schönen Ablaufplan durcheinander? Beeinträchtigt der Konflikt die Gruppe beim Weiterarbeiten oder ist es nur der üblich raubeinige Umgangston eines Teams? Und dann geht es noch um die Verantwortung für die Krisenlösung. Die liegt nicht nur beim Moderator. Teilnehmer und Workshop-Initiator stehen mit in der Pflicht.

Zukunftsorientierung statt Vergangenheitsbewältigung. Manche Workshops finden statt, weil in der Vergangenheit einiges schiefgelaufen ist, zum Beispiel die Zusammenarbeit im Team. Unser Ziel ist dann nicht die Aufarbeitung der leidvollen Vorgeschichte, denn nur allzu leicht wäscht man erneut schmutzige Wäsche oder etikettiert Sündenböcke. Statt als »Historiker« alte Wunden aufzubrechen, lassen wir die Vergangenheit ehrenvoll ruhen. Was war, war! Jetzt ist es wichtig, für die Zukunft akzeptable und tragfähige Lösungen zu entwickeln.

Workshop-Krise als Chance und versteckte Hilfestellung. Wenn Teilnehmer mitten im Workshop lospoltern, dass das Vorgehen so völlig unsinnig sei, dann klingt das nach aufkeimender Rebellion. Aber es steckt auch das Signal darin, Zielsetzung, Rahmenbedingungen und das weitere Vorgehen nochmals gemeinsam zu überprüfen. Wir haben oft erlebt, dass Kritik am Workshop nicht nur Angriff bedeutet, sondern (zugleich) auch Angebot, Hilfestellung und Vorschlag – leider in unfreundlicher Verpackung. Krisen mögen zwar lästig sein, aber oft sind sie Auftakt für einen neuen Start!

Wann eingreifen? Moderatoren sind keine Schutzengel, aber wenn es zu unfair zugeht, werden sie eingreifen, um den kollegialen Arbeitsstil im Workshop zu wahren. Dann sind Sie »Mäßiger« im wahrsten Sinn von »Moderator«. Also: Krisensituationen nicht aussitzen, sondern rechtzeitig »dazwischen«gehen – ohne Vorwurf, aber mit kurzer Begründung. Vom Moderator wird Steuerung und Leitung erwartet!

Metaebene: Wir schauen uns selber zu

Manchmal sind alle so sehr im aktuellen Geschehen verstrickt, dass niemand mehr so genau mitbekommt, was eigentlich abläuft. Da ist es gut, wenn Sie zu zweit moderieren, weil dann immer einer schwerpunktmäßig auf den Inhalt und der oder die Zweite auf den Prozess achten kann.

Gemeinsam mit den Teilnehmern verlassen Sie also kurz die Ebene des Agierens und Reagierens und betrachten das eben abgelaufene Geschehen mit etwas Abstand »von oben her«. Wer der Gruppe dabei Vorwürfe macht, bekommt Widerstand. »Psychogeschulte« Moderatoren starten mit Ich-Botschaften: »Ich habe den Eindruck, wir haben uns bei diesem Thema festgebissen. Wie sehen Sie die Situation?« Andere fragen direkter: »Wie gehen wir miteinander und mit unserer Aufgabe um? Was können wir besser machen?« Man wird kurz gemeinsam darüber reden und dann steigen wieder alle hinunter zur realen Workshop-Ebene. »Metaebene« klingt manchen Teilnehmern arg psychologisch oder theorielastig. Wir sprechen darum oft von der »Aloisius-Ebene«. Damit ist gemeint: der berühmte Münchner Dienstmann Aloisius, der direkt vom Hofbräuhaus in den Himmel kam und dort oben als Engel auf seiner Wolke sitzt. Da singt er Hosianna und wartet, bis er mit einer göttlichen Eingebung nach unten geschickt wird – zur bayrischen Staatsregierung.

Interventionstechniken

In der Regel können Sie sich auf Ihre innere Stimme verlassen und das tun, was Ihnen spontan durch den Kopf geht. Das ist dann wenigstens authentisch:

Wechseln zur Metaebene. Von der »Aloisius-Ebene« war schon die Rede. Das ist eine sehr mächtige Intervention, passt aber nicht immer.

Blitzlicht. Als Klärungs- und Steuerungsinstrument in kritischer Situation hat sich das »Blitzlicht« bewährt. Nach einer knappen Einführung bittet man alle reihum um kurze, begründete Stellungnahmen: »Mein Eindruck vom Verlauf und was ich mir als nächsten Arbeitsschritt wünsche.« Der große Vorteil: Der Moderator (und auch alle anderen) bekommen so die augenblickliche Sichtweise der ganzen Gruppe mit.

»Bußpredigt« halten. Das ist zwar keine klassische Methodenempfehlung, aber manchmal wirkungsvoll – und als Moderator ist man seinen Zorn los. Da macht aber der Ton die Musik und das Image des Moderators spielt eine Rolle.

Die Zwischenbilanz visualisieren. Immer wiederkehrende oder vom Thema wegführende Diskussionen versucht man durch Handskizzen oder Mitvisualisieren auf den Punkt zu bringen: »Was können wir festhalten?« Ungelöste Konfliktthemen kann man für alle sichtbar notieren und dann mit einem dicken roten »Konfliktblitz« markieren. Das macht deutlich, dass sie »noch offen« sind, und hebt die Chancen, sie jetzt auszuklammern und zum nächsten Thema überzugehen.

Pausen und Pausengespräche. Nach Streit im Workshop glätten oft Pausen die Wogen. Man verlässt den Ort des Geschehens, trinkt Kaffee, kann nachdenken, sich mit anderen abstimmen und hat Zeit zum »Auslüften«.

Stefan König u.a.

Warming-up: Übungen zur Aktivierung und für Teamprozesse

Aus: Warming-up in Seminar und Training

Diese kleinen Übungen helfen, die zurückhaltende Stimmung in Anfangssituationen zu überwinden, sie erhöhen die Konzentration auf das anstehende Thema, sie bringen neuen Schwung bei Müdigkeit.

Warming-up: Ursprung, Ziele, Anwendungen

Die Namen, die ich hier angegeben habe sind die, wie sie in der Praxis und in der Literatur häufig verwendet werden. Ich möchte nicht ausschließen, dass Sie beim Durchlesen der Warming-ups auf ein oder auch mehrere stoßen, bei denen Sie sich sagen: »Das kenne ich, aber unter einem anderen Namen!«

In der Trainingsarbeit bin ich selbst des Öfteren in Situationen gekommen, in denen ein Kollege ein Warming-up vorschlägt, das ich vom Namen her nicht kenne. Während er es mir dann vorstellt, erinnere ich mich: »Ja, kenne ich doch, allerdings unter einem anderen Namen!«

Die Gründe unterschiedlicher Namensgebung können vielfältig sein. So sind zum Beispiel die Wurzeln von Warming-ups sehr breit gefächert. Genannt werden können hier unter anderem: Der Sportunterricht, New Games, meditative Entspannungsübungen, kooperative Spiele, die Erlebnispädagogik sowie die Umwelt- und Kulturpädagogik. Einen weiteren wichtigen Grund für unterschiedliche Namen sehe ich darin, dass es die meisten Warming-ups nicht erst seit diesem Buch gibt. Viele gibt es schon seit Jahren. In dieser Zeit kommen neue Regeln hinzu, einige fallen weg. So entwickeln sie sich mal mehr und mal weniger und so kann es auch zu abgewandelten und neuen Namen kommen. Außerdem können natürlich regional unterschiedlich gebrauchte Begriffe eine Rolle spielen. Ich hege daher nicht den Anspruch, den einzigen und richtigen Namen für die hier vorgestellten Warming-ups zu verwenden.

Wer hat die einzelnen Warming-ups erfunden?

Bei meinen Recherchen habe ich in einem Buch von Jörn Möller (1998) ein Foto von 1915 entdeckt. Das Foto zeigt 15 Männer im Sportunterricht, die ge-rade »Über das Rote Meer schwimmen«. Ohne es zu wissen bin ich vor drei Jahren das erste Mal über das »Rote Meer« geschwommen. Seither nutze ich das Schwimmen im Trockenen (wie es in der Beschreibung auch genannt wird) als Warming-up in Seminaren und Trainings. Damals habe ich es allerdings unter dem Namen »Das Förderband« kennen gelernt und es auch in diesem Buch unter diesem Namen beschrieben. Jörn Möller geht davon aus, dass das Spiel noch viel älter ist, als das Foto selbst. Einen »Erfinder« zu nennen ist nach Jörn Möller objektiv kaum möglich, genau wie in den 400 weiteren Spielen, die er erforscht hat und in vier Buchbänden beschreibt.

Zielsetzung

Warming-ups sind mehr als Spiel und Spaß. Gezielt eingesetzt können sie die Leistungsfähigkeit der Teilnehmer von Seminaren und Trainings steigern. Warming-ups können als Tool verstanden werden, mit dem Sie als Seminarleiter und Trainer den Lernerfolg der Teilnehmer zusätzlich fördern und damit auch den Erfolg Ihrer Veranstaltung. Mit diesem Tool können Sie unter anderem:

- Die Stimmung in der Gruppe steigern.
- Den Teilnehmern durch aktivierende Bewegungen eine wohltuende Abwechslung zur geistigen Arbeit bieten.
- Die Konzentration fördern durch Ruhemomente, aber auch durch herausfordernde Aufgaben.
- Die Besinnung des Teilnehmers auf sich und seine Umwelt stärken, indem Sie ihm die Möglichkeit geben, Sinne zu nutzen und zu entfalten.
- Die Kreativität aktivieren durch abwechslungsreiche und Fantasie fordernde Aufgaben.
- Die Gruppendynamik fördern, indem Sie den Teilnehmern die Möglichkeit geben sich näher kennen zu lernen, sich konstruktiv auseinander zu setzen, gemeinsam etwas zu leisten und Synergien zu entwickeln.
- Themenorientierte Interaktion in der Gruppe anregen.
- Teamwork üben durch Aktionen, die die Teilnehmer nur in Kooperation erfolgreich lösen können.
- Das Engagement der Teilnehmer steigern, indem Sie ihnen sehr komplexe und herausfordernde Aufgaben bieten, die aber letztendlich doch lösbar sind.
- Motivation aufbauen durch Erfolgserlebnisse.
- Die Teilnehmer unterstützen, sich auf Neues einzulassen durch ungewöhnliche und gleichzeitig spannende Aktionen.
- Den Teilnehmern Entspannung bieten durch besinnliche Momente.

Die hier vorgestellten Warming-ups haben unterschiedliche Schwerpunkte oder um bei dem Bild eines Tools zu bleiben: Die einzelnen Warming-ups sind alle zum »Aufwärmen«, sie haben aber verschiedene Funktionen. Entsprechend können sie unterschiedlich eingesetzt werden.

Teilnehmerzahl

In der Praxis liegen Trainings- und Seminargruppen bei einem Trainer beziehungsweise Seminarleiter oft in der Größenordnung zwischen sechs und 20 Teilnehmern. Der größte Teil der hier vorgestellten Warmings-ups entspricht dieser Teilnehmerzahl.

Sollten Sie sich für ein Warming-up interessieren, aber mehr Teilnehmer haben als angegeben, muss es nicht heißen, dass Sie es nicht durchführen können! Während die

Mindest-Teilnehmerzahl einfach zu definieren ist, sind die Maximalangaben meine subjektive Einschätzung. Für diese Einschätzung habe ich folgende Maßstäbe angesetzt:

- Die Zahlen sind darauf ausgerichtet, dass eine Person die Leitung des Warming-ups übernehmen kann,
- eine Person die Sicherheit der Teilnehmer gewährleistet und
- im Anschluss zumindest eine minimale Reflexion stattfinden wird.
- Nicht zuletzt ist die Anzahl der Teilnehmer auch immer eine räumliche und – wenn Material notwendig ist – auch eine materielle Frage.

Anders herum heißt es, wenn Sie beispielsweise in einem Trainerteam arbei-ten, können Sie ein Warming-up auch für eine größere Anzahl Teilnehmer durchführen. Wenn Sie auf eine Reflexion oder die Gruppe auf Trainerkollegen aufteilen, ist dies ebenso eine Möglichkeit, mehr Teilnehmer als angegeben in die Übung einzubeziehen. Haben Sie zudem keine räumliche und materielle Begrenzung, können Sie durchaus mehr Teilnehmer mit einbeziehen.

Nicht zuletzt sind auch Sie gefordert einzuschätzen wie viele Teilnehmer das Warming-up verträgt. Zum Beispiel beim »Förderband«: Sich befördern zu lassen hat nicht nur mit Vertrauen in die anderen Teilnehmer zu tun, sondern ist auch nicht unbedingt das Angenehmste. Daher betrachte ich eine Förderbandlänge von ungefähr 15 m (entspricht etwa 60 Teilnehmern) als zumutbares Maximum. Der »Lauschangriff« bedarf – wenn er »Outdoor« durchgeführt wird – für den einzelnen Teilnehmer eine ruhige Umgebung ohne unmittelbaren Blickkontakt mit einem anderen Teilnehmer. Hierfür bedarf es viel Platz und auch Zeit, damit sich die Teilnehmer verteilen können. Die Teilnehmerfrage ist hier eng mit dem zur Verfügung stehenden Platz und der Zeit verknüpft.

> Bei Großveranstaltungen reicht ein Trainer in der Regel nicht aus. Die Teilnehmer werden daher auf mehrere Trainer verteilt, haben aber ansonsten das gleiche Programm. Daher bieten sich gemeinsame Warming-ups an. Ein gemeinsamer Start bevor es in die einzelnen Gruppen geht sowie ein gemeinsamer Abschluss vermitteln einen Zusammengehörigkeitssinn und ein motivierendes Zusammengehörigkeitsgefühl. So habe ich beispielsweise »Das Förderband« mit vier Teams und insgesamt 50 Teilnehmern durchgeführt oder den »Bullring« mit 130 Personen. Auch der »Kollegensitzkreis« kann als gemeinsamer Abschluss mit 60 Teilnehmern durchgeführt werden.

Konstellation

Es werden hier Möglichkeiten vorgestellt, die einzeln, in Paaren, in kleinen Gruppen oder in der gesamten Gruppe durchgeführt werden. Einige Warming-ups beginnen einzeln oder in Pärchen und werden zum Schluss in der ganzen Gruppe durchgeführt, so zum Beispiel »Gemeinsam schaffen wir es!« oder »Gemeinsam mehr sehen!«.

In der Praxis habe ich die Erfahrung gemacht, dass eine identische Konstellation im Warming-up und in der anschließenden Seminar- oder Trainingsarbeit den Teilnehmern eine gute Gelegenheit bietet, sich auf die Arbeit einzustellen.

Dauer der Durchführung

Beachten Sie bitte, dass die hier angegebenen Zeiten Durchschnittswerte sind und lediglich die Zeit der Anmoderation und Durchführung angeben. Eine eventuelle Auswertung im Anschluss daran ist nicht enthalten. Die Auswertungen können in der Dauer nämlich ganz unterschiedlich ausfallen, je nachdem wie sie moderiert werden und wie viel es zu besprechen gibt.

Warming-ups sollten kurz sein, da sie nicht unmittelbar zum Lernstoff dazugehören und auch kurzfristig in die Veranstaltung eingesetzt werden können. Die Auswahl der hier vorgestellten Übungen und Projekte liegt zwischen drei und maximal 15 Minuten.

Material

Warming-ups sollen gerne nach Bedarf und spontan eingesetzt werden können. Daher habe ich Warming-ups ausgewählt, die wenig bis kein Material bedürfen. Wenn Material erforderlich ist, handelt es sich um Dinge wie beispielsweise ein Seil, eine Wolldecke oder Tücher zum Verbinden der Augen. Diese Gegenstände sind in der Regel im eigenen Haushalt zu finden und können im Notfall auch noch im Hotel oder Seminarhaus organisiert werden.

Es gibt einige Warming-ups, die die Herstellung von Material erfordern. Die Herstellung dieser Materialien ist sehr einfach und sind sie erst einmal angefertigt, können sie immer wieder eingesetzt werden. Die Anleitung dazu finden Sie jeweils unter dem nächsten Punkt.

Selbst hergestelltes Material

Lassen Sie sich bitte nicht abschrecken, wenn Sie lesen, dass Materialien angefertigt werden müssen. Die Warming-ups, die hier beschrieben werden und eine Herstellung von Material erfordern, sind es wert etwas Zeit zu investieren. Zudem sind die Materialbeschaffung und das Anfertigen einfach und kostengünstig. Nicht zuletzt können die Materialien, wenn Sie einmal gemacht sind, immer wieder verwendet werden.

»Der Herr der Ringe« ist ein Beispiel für ein Warming-up, dessen erforderliches Material aus fünf etwa 40 cm langen Rebschnüren besteht, die lediglich zusammengeknüpft oder verschweißt werden müssen. Die Herstellung dauert maximal fünf bis zehn Minuten und Sie haben ein sehr spannendes Warming-up, das Sie anschließend immer wieder einsetzen können.

Zu den aufwändigsten Basteleien gehört sicherlich der »Bullring«. Bei einer Größe von über 100 Teilnehmern müssen Sie mit einer Herstellzeit von einer Stunde rechnen. Er eignet sich daher kaum für einen spontanen Einsatz, wenn er noch gebastelt werden muss. Trotzdem zählt er für mich zu den besten Warming-ups, da er für ein breites Spektrum von 10 bis über 200 Teilnehmer in Frage kommt und zudem sehr symbolträchtig für die Teilnehmer ist. Der »Bullring« verbindet die Teilnehmer nach dem Motto: »Zusammen schaffen wir es!« oder »Wir arbeiten zusammen an einer Sache und können es gemeinsam schaffen!«.

Location

Im Bereich »Outdoor«-Training spricht man von »Location«, wenn es um das Gelände, den Raum, den Platz oder das Areal geht, auf dem das Training durchgeführt wird. Der Begriff wird hier synonym verwendet und beschreibt, wo das Warming-up durchgeführt werden kann und welchen Raum es bedarf.

Die meisten Warming-ups können sowohl im Freien als auch im Seminarraum veranstaltet werden. Zusammen mit dem geringen bis gar keinen Materialaufwand sind sie daher sehr mobil und flexibel einsetzbar. Einige wenige sind ausschließlich für den »Outdoor«-Einsatz geeignet, da sie viel Platz benötigen oder auch die Natur als Ruhe- und Besinnungsort nutzen.

Persönlich bevorzuge ich es, Warming-ups im Freien einzusetzen, auch wenn sie »Indoor« möglich wären. Alleine der Platzwechsel von drinnen nach draußen bringt für die Teilnehmer eine oft willkommene Abwechslung. Die Bewegung und die frische Luft fördern das Wohlbefinden, sodass die Teilnehmer anschließend energiegeladener an die Arbeit gehen können.

Vorbereitungsaufwand

Den Einsatz der Warming-ups plane ich nur sehr selten vor einem Seminar oder Training und wenn, dann meistens nur diejenigen für den Einstieg. Während einer Veranstaltung setze ich Warming-ups nach Bedarf der Teilnehmer ein und der ist individuell-, gruppendynamisch- und situationsabhängig. Um dieser Individualität des Moments gerecht zu werden, entscheide ich mich meist sehr kurzfristig für ein Warming-up, das ich für passend halte.

Daher ist es ein Vorteil, wenn der Aufwand für die Vorbereitung möglichst gering ist. Eine Zeit anzugeben wäre sehr subjektiv und könnte auf keinen Fall allgemein gültig sein. Die Zeit, die letztendlich aufgewendet wird, ist von vielen Faktoren abhängig. Diese Faktoren können sein: Kennen Sie das Warming-up bereits gut oder müssen Sie sich erst einlesen, bedarf es Material und muss dieses eventuell sogar vorbereitet werden, sind vielleicht Locations notwendig, die Sie noch nicht kennen und im Vorfeld erst abchecken müssen?

In der Seminar- und Trainingspraxis ist die Zeit in der Regel einer der wichtigen Faktoren. Damit das von Ihnen eingesetzte Warming-up auch zum Erfolg wird und nicht unerwartet Ihren Zeitrahmen sprengt, sollten Sie den bei den Übungen angegebenen jeweiligen Vorbereitungsaufwand beachten:

- Small: Für die Durchführung des Warming-ups müssen Sie maximal die Zeit rechnen, die Sie für das Durchlesen der Beschreibung benötigen. Material oder Location-Check sind nicht notwendig.
- Middle: Zusätzlich zu »Small« ist eventuell ein Einlesen, Materialbeschaffung oder ein Location-Check erforderlich.
- Large: Erfordert ein zusätzliches Einlesen, zudem verschiedene Materialien, die zusammengebastelt werden müssen sowie ein Location-Check.

Zeichnung

Die Zeichnungen zeigen typische Spielszenen aus dem jeweiligen Warming-up und dienen dazu einen schnellen Eindruck zu bekommen, wie es in Aktion aussieht. Bei einer verhältnismäßig umfangreichen Herstellung des Materials, wie beispielsweise »Der Herr der Ringe«, einer komplexeren Aufstellung zur Übung oder einer verzwickten Problemlösung für die Teilnehmer, wie beispielsweise bei »Das Berchtesgadener Mysterium« erhalten Sie eine zusätz-liche Zeichnung, um den Einsatz möglichst einfach zu gestalten.

Anleitung

Die Anleitung zu einem Warming-up ist in der Regel kurz und leicht verständlich. Sie können sich schnell ein Bild von der Aktion machen und meistens auch gleich ohne Spickzettel anmoderieren.

Erfahrungen, Tipps und Ideen, wie das Warming-up gegenüber den Teilnehmern anmoderiert werden kann, finden Sie nach dem Punkt: Eignung.

Variationsmöglichkeiten

Es gibt viele Warming-ups, aber noch viel mehr Varianten. Einige werden hier vorgestellt. Sie können sich auf die Zielsetzung, Moderation und Settinggestaltung beziehen, aber auch auf die Teilnehmerkonstellation, Dauer, Material oder Location.

Ich bin schon öfter gefragt worden, ob es nicht langweilig wird, die gleichen Übungen wieder und wieder anzuwenden? Meine spontane und klare Antwort lautet »Nein!«. Als Trainer begleite und fördere ich Lernprozesse, diese Prozesse sind zwar identisch, aber es handelt sich immer wieder um unterschiedliche Teilnehmer. Entsprechend individuell lernen diese. Außerdem ist auch entscheidend, wo Sie sich im Lernprozess befinden und wie schnell Sie ihn durchlaufen. Meine Methoden und damit auch die eingesetzten Warming-ups müssen auf diese Weise immer wieder neu angepasst werden. So können Warming-ups beispielsweise durch Variationen, durch die Art und Weise wie sie anmoderiert und ausgewertet werden, auf die Teilnehmer abgestimmt werden. Warming-ups führe ich daher nie ganz identisch durch. Das macht die Arbeit als Trainer abwechslungsreich und herausfordernd.

Eignung

Warming-ups eignen sich hervorragend, um die Teilnehmer in Anfangssituationen auf die bevorstehende Arbeit anzuwärmen. Weniger bekannt sind Warming-ups während der Arbeit, zwischen zwei Veranstaltungsteilen oder als Abschluss. Dies ist sicherlich nicht der klassische Moment für ein Warming-up, aber ein Moment, in dem es mindestens genauso wertvoll wirken kann: Einen Arbeitsprozess zu initiieren ist nicht schwer, ihn aber am Laufen zu halten und zu einem erfolgreichen Abschluss zu führen kann umso schwerer sein.

Während einer langen, anstrengenden und konzentrierten Arbeit kann ein Warming-up eingesetzt werden, um den Teilnehmern wieder Energie, Schwung und Spaß zu geben. Eine Art »Warming-up again«. Zwischen zwei Veranstaltungsteilen kann ein Warming-up dazu dienen, den Teilnehmern die Möglichkeit zu geben, zur Ruhe zu kommen, abzuschalten, sich zu entspannen und sich auf Neues einzustellen. Dies ist dann eher eine Art »Cool down and warm up again«. Nicht zuletzt bieten sich einige als Abschlusspunkt einer Veranstaltung an. Dadurch, dass sie kurz sind, Spaß machen, positive Bilder vermitteln und »Aha«-Erlebnisse bieten, können sie als »Kick« dienen, das Erlernte aus Seminar und Training in die Praxis zu transferieren. Zudem sind oft die letzten Dinge einer Veranstaltung sehr einprägsam, sodass Sie so einen Schlusspunkt in Ihrer Veranstaltung setzen können, der den Teilnehmern positiv in Erinnerung bleibt. Also eine Art »Kick-off-Warming-up«.

Das Ziel vom »Aufwärmen« ist es, die Leistungsfähigkeit der Teilnehmer zu steigern. Dazu sollte das Potenzial von Warming-ups nicht einfach »verschossen« werden. Ein Warming-up »nur so« einsetzen, lässt die Teilnahme schnell zum »Spielchen« werden. Eine lustige Abwechslung, aber ohne große Wirkung auf die weitere Arbeit. Ebenso wirkt eine wilde Aneinanderreihung von Warming-ups weniger leistungsfördernd als vielmehr unseriös. Die Teilnehmer können sich dann schnell die Frage stellen: »Was hat das mit unserem Arbeitsthema zu tun?« oder »Ich bin doch nicht hier um zu spielen, dafür habe ich nicht bezahlt!«.

Der Einsatz von Warming-ups sollte im Rahmen der Veranstaltung dazu dienen, die Leistungsfähigkeit der Teilnehmer nach Bedarf zu steigern, um ein möglichst gutes Lernergebnis zu erzielen.

In Anfangssituationen liegt meist ein Bedarf vor. Typische Merkmale für diese Situationen sind (an)gespannte Teilnehmer und eine eher zurückhaltende Stimmung. Ein Warming-up kann hier auflockernd wirken und durch Spiel und Spaß die Stimmung heben. Für den Einstieg in eine Veranstaltung können Warming-ups daher gut im Voraus geplant werden.

Anders verhält es sich im Verlauf einer Veranstaltung. Wann und in welcher Situation ein Bedarf entsteht, ist meistens schwierig vorhersehbar, eine Vorausplanung ist daher auch entsprechend schwierig.

Als Vorteil empfinde ich es, verschiedene Warming-ups in petto zu haben, um diese an geeigneten Stellen einsetzen zu können. Typische Merkmale für einen entstehenden Bedarf sind zum Beispiel:

- Die Teilnehmer wirken unkonzentriert, müde und kraftlos.
- Die Atmosphäre wirkt unruhig, gespannt und nervös.
- Das Engagement ist ohne Elan.
- Die Stimmung ist weniger produktiv als vielmehr abschweifend.
- Die Zusammenarbeit ist wenig kooperativ und statt dessen eher konkurrenzorientiert.
- Die Teilnehmer wirken sehr harmonisch, setzen sich aber nicht konstruktiv auseinander, so dass es zwar leicht zu einem Ergebnis kommt, aber nur einem mittelmäßigen.
- Die Arbeit ist weniger ergebnisorientiert als vielmehr zerfahren und abschweifend.
- Es wird viel gesprochen und diskutiert, ohne dass es zu Resultaten kommt.
- Es kommen keine herausragenden Ergebnisse zu Stande, da es an Fantasie und Kreativität fehlt.

Die hier vorliegende Sammlung ist als Hilfe bei der Planung von Veranstaltungen gedacht, vor allem aber als Hilfsmittel in der Veranstaltung, um im Bedarfsfall schnell ein passendes Warming-up zur Hand zu haben. Dazu gibt es in den einzelnen Warming-up-Beschreibungen unter diesem Punkt einen Hinweis, in welcher Situation es sich zum Einsatz anbietet.

Tipps zur Moderation und Setting-Gestaltung

Hier finden Sie Ideen, Erfahrungen und konkrete Anleitungen, wie das War-ming-up anmoderiert, bei Bedarf interveniert und reflektiert werden kann. Als Moderator eines Warming-ups haben Sie zumindest die Aufgabe es anzuleiten und abzuschließen. In einigen Fällen können Sie zu einer Intervention aufgefordert werden, um beispielsweise die Sicherheit der Teilnehmer zu gewähren oder beim Übertreten des Reglements. Dagegen ist es Ihnen überlassen, ob Sie nach dem Warming-up eine Reflexion beziehungsweise eine Auswertung durchführen.

Eine klare Antwort auf die Frage, wie am besten anmoderiert, interveniert und reflektiert werden kann, ist schwierig. Ziel sollte es sein, den Teilnehmern eine bestmögliche Lernsituation zu schaffen.

Pädagogische Ansätze sind bekanntlich unterschiedlich und ich habe nicht den Anspruch, hier das »non plus ultra« vorzustellen. Ich möchte jedoch einige Ansätze kurz vorstellen, die ich gerne und auch erfolgreich einsetze:

Event: In dem Fall ist das Ziel auf Spaß und Bewegung reduziert. Dazu moderiere ich die Übung an und verpacke die Übung eventuell in ein Szenario. Ich greife nur dann ein, wenn die Sicherheit der Teilnehmer gefährdet ist. Eine Auswertung im Anschluss führe ich nicht.

Reflektives Handlungslernen: Hier nutze ich die Lernmomente, die Erlebnisse und Erfahrungen der Teilnehmer aus dem Warming-up, um sie durch eine Auswertung für die folgende Arbeit nutzbar zu machen. Fragen können hier beispielsweise sein: »Wie war es?«, »Waren Sie mit dem Resultat zufrieden?«, »Was würden Sie anders machen, wenn Sie die Übung noch einmal machen würden?«

Frontloading: Beim Anmoderieren bekommen die Teilnehmer bereits kleine Hinweise, was im Warming-up wichtig ist. Dies kann die Teilnehmer unterstützen, sich Gedanken für eine erfolgreiche Lösung zu machen. Diese Methode kann genutzt werden, wenn die Teilnehmer mit dem Schwerpunkt-Thema des Warming-ups Schwierigkeiten haben.

Direktives Frontloading: Auf die Knackpunkte des Warming-ups wird bereits direkt beim Anmoderieren hingewiesen. Beispielsweise kann bei der Übung »Blind geometrische Figuren bilden« die Anleitung lauten: »Bevor Sie sich jetzt an die Hände nehmen, die Augen schließen und von mir eine Figur vorgegeben bekommen, die Sie dann versuchen blind und ohne dabei die Hände zu lösen zu bilden, bekommen Sie von mir drei Minuten Zeit, sich Gedanken zu machen und sich auszutauschen, was bei dieser Übung schwierig sein kann und wie Sie die Schwierigkeiten in der Situation lösen könnten?« Diesen Ansatz wende ich aber nur bei schwerwiegenden Fällen an, beispielsweise dann, wenn Teilnehmer sich sehr egoistisch verhalten oder Einzelne für das gesamte Team denken anstatt dass die Teilnehmer gemeinsam als Team fungieren. Denn darunter leidet in der Regel die Arbeitsleistung ebenso wie die schwächeren Teilnehmer. Ansonsten nimmt dieser Ansatz den Teilnehmern zu viel selbstständiges Erfahren und Lernen.

Reflektive Prozesssteuerung: Manche Übungen werden nicht nur zum Schluss reflektiert, sondern auch zwischendurch. Sie können beispielsweise je nach Länge des Warming-ups und nach den Lernmomenten ein- bis zweimal zwischendurch reflektiert werden. Die Erfahrungen und die Ideen zur Optimierung können dann gleich im weiteren Verlauf umgesetzt und verbessert werden.

Achtung!

Einige Warming-ups bergen Verletzungsrisiken. Wie diese aussehen und wie sie vermieden werden können, wird unter »Achtung!« beschrieben.

Die Risiken können reichen von Schürfungen, blauen Flecken über Fußverstauchungen bis hin zum Bänderriss – Verletzungen, die nicht nur dem Betroffenen sehr schmerzen können, sondern auch den Trainingsverlauf ungeplant verändern können. Die hier beschriebenen Warming-ups können alle auf ein akzeptables Restrisiko minimiert werden. Dazu sind keine speziellen Kenntnisse erforderlich jedoch ein umsichtiges Handeln. Gefahrenmomente der betreffenden Warming-ups werden daher eingehend beschrieben.

Zusätzlich sollten bei Warming-ups, die viel Bewegung bieten, Vertrauen und Verantwortung fordern, engen Körperkontakt erfordern und die Teilnehmer vor Herausforderungen stellt, folgende Regeln gelten:

Freiwillige Teilnahme: Die Teilnahme am Warming-up sollte grundsätzlich freiwillig sein. Es kommt aber eher selten vor, dass ein Teilnehmer bereits vor dem Start »Nein!« sagt. Dazu ist der Charakter der Warming-ups zu spielerisch. Häufig merkt ein Teilnehmer erst in der Aktion, dass von ihm beispielsweise ein Vertrauen gefordert wird, das er vielleicht nicht oder noch nicht hat. Oder es kann sein, dass es zuviel Überwindung kostet, die er in dem Moment nicht aufbringt. Ein »Nein« sollte hier jederzeit akzeptiert werden, vor allem auch von den anderen Teilnehmern!

»Safety first!« Die Sicherheit geht in jeder Situation vor. Unterbrechen Sie ein Warming-up, wenn Sie den Eindruck haben, dass die Sicherheit beispielsweise aufgrund mangelnder Konzentration nicht mehr gewährleistet ist. Unterbrechen Sie auch dann, wenn auf Grund ausgelassener Stimmung der Sicherheitsaspekt zu kurz kommt.

Die Stopp-Regel gibt Ihnen und jedem Teilnehmer jederzeit das Recht, jegliche Aktion sofort einzufrieren, das heißt, jeder ist bei dem Signal »Stopp« aufgefordert, unmittelbar die Handlung einzustellen. Die Regel ist vergleichbar mit einem »Time out« im Handball oder einer Art Notbremse. Dieses Stopp sollte in einem Warming-up nur im Notfall genutzt werden.

Gegenseitige Wahrnehmung: Ich fordere die Teilnehmer gerne auf, nicht nur auf sich selber zu achten, sondern auch auf die Teilnehmer, die um einen herum sind. Dies erhöht die aufmerksamen Blicke und reduziert Gefahrenmomente.

Durch diese Regeln soll auch die psychische Sicherheit der Teilnehmer sichergestellt werden.

Der Aufbau der Übungen

Name des Warming-ups

Der Einführungstext gibt die Zielsetzung bekannt.

Teilnehmerzahl:	Nennung der Mindest- bzw. der maximalen Teilnehmerzahl.
Konstellation:	Angabe, ob das Warming-up einzeln, in Kleingruppen, oder mit der ganzen Gruppe gemacht wird.
Dauer der Durchführung:	Durchführungszeitraum.
Material:	Hinweis zum eventuellen Materialbedarf.
Location:	Wo kann das Warming-up abgehalten werden.
Vorbereitungsaufwand:	Wie viel Zeit muss für die Vorbereitung eingeplant werden: small, middle oder large.
Anleitung:	Die genaue Durchführung wird erläutert.
Variationsmöglichkeiten:	Eventuelle Varianten werden dargelegt.
Eignung:	In welcher Situation kann das Warming-up passen, wann lässt es sich am besten einsetzen.
Tipps zur Moderation und Setting-Gestaltung:	Hier finden Sie Ideen, Erfahrungen und konkrete Anleitungen, wie das Warming-up gestaltet, anmoderiert, wie bei Bedarf interveniert und reflektiert werden kann.
Achtung!	Unbedingt lesen, denn manche Warming-ups bergen Verletzungsrisiken. Wie diese aussehen und wie sie vermieden werden, wird hier beschrieben.

Electric Fence

Stefan König

Die Teilnehmer erhalten hier die Möglichkeit als Team zu fungieren. So können sie sich auf bevorstehende Aufgaben einstimmen, vor allem auf solche, die Kooperation erfordern.

Teilnehmeranzahl:	8–16 Personen.
Konstellation:	Gesamte Gruppe.
Dauer der Durchführung:	12 Minuten.
Material:	Ein Seilstück mindestens 5 m lang. Ein Gummiband mindestens 3 m lang.
Location:	Drinnen wie draußen.
Vorbereitungsaufwand:	Middle.

Anleitung

Die Teilnehmer stellen sich so eng wie nur möglich zusammen, dabei muss jeder beide Füße auf dem Boden behalten. Dann binden Sie die Teilnehmer zusammen, indem Sie ein Seil um den Teilnehmerpulk legen und verknoten. Das Seil sollte auf Hüfthöhe der Teilnehmer liegen. Nun ist es die Aufgabe der Teilnehmer, so verknotet wie sie sind, über ein Gummiband zu steigen, das in 50 cm Höhe gespannt ist. Das Gummiband ist »mit Strom gefüllt« und darf daher nicht berührt werden. Daher der Name »Electric Fence«. Eine Berührung kann unterschiedlich streng gehandhabt werden, beispielsweise folgendermaßen:

- Bei Berührung muss derjenige zurück, der es berührt hat.
- Berührt dieselbe Person das Gummiband dreimal, müssen auch diejenigen zurück, die das Gummiband bereits erfolgreich überquert haben.
- Summieren sich die Berührungen auf drei unabhängig davon, wer es berührt hat, müssen alle zurück, auch diejenigen, die bereits erfolgreich rübergekommen sind.

Die Aufgabe ist gelöst, wenn alle den elektrischen Zaun überstiegen haben.

Eignung

Für dieses Warming-up sollten die Teilnehmer bereits mindestens einen Tag zusammengearbeitet haben, da hier viel Nähe zwischen den Teilnehmern gefordert wird. Die Enge setzt auch eine gute Stimmung in der Gruppe voraus, um offen zu sein für diese Herausforderung. Ansonsten bringt dieses War-ming-up vor allem Spaß und erfordert zwischen den Teilnehmern eine gute Abstimmung und Koordination.

Achtung!

Spannen Sie als elektrischen Zaun kein statisches Seil! Verwenden Sie ein Gummiband, damit verhindern Sie, dass der elektrische Zaun zum Stolperzaun wird! Als Moderator kann es günstig sein, sich während der Durchführung direkt am Gummiband zu positionieren. Sollte ein Teilnehmer fallen, dann am ehesten hier. An dieser Stelle können Sie daher am schnellsten eingreifen, um einen Fall zu vermeiden.

Partnerbalance

Stefan König

Balance und gegenseitiges Vertrauen wird von den Teilnehmern gefordert und gefördert. Die Übung bietet durch Bewegung einen Ausgleich zur geistigen Arbeit. Sie fördert so das körperliche und soziale Wohlbefinden. Sehr gut geeignet für zwischendurch.

Teilnehmeranzahl:	2–50 Personen.
Konstellation:	Paare.
Dauer der Durchführung:	5 Minuten.
Material:	Keines.
Location:	Drinnen wie draußen.
Vorbereitungsaufwand:	Small.

Anleitung

Zwei Teilnehmer stellen sich gegenüber voneinander auf. Mit leicht angewinkelten Armen legen Sie die Handflächen aufeinander. Nun gehen beide Teilnehmer langsam rückwärts, ohne dabei die Hände zu lösen. Das Gegengewicht des Gegenübers und ausgleichende Balance durch die aneinander gelegten Hände ermöglicht es dem Paar, sehr weit auseinander zu gehen.

Ist der äußerste Punkt erreicht, bleibt das Paar kurze Zeit so stehen, um sich dann wieder aufeinander zuzubewegen. Dies kann drei bis vier Mal wiederholt werden. Durch ein wachsendes Vertrauen und dem wiederholten Ausprobieren wird es dem Paar möglich sein, nach und nach immer weiter auseinander zu gehen.

Eignung

Dieses Warming-up eignet sich durch die geringe Dauer, den geringen Material- und Vorbereitungsaufwand gut für zwischendurch. Zudem bringt es etwas Bewegung und vor allem Abwechslung. Beispielsweise setze ich es ein bei längeren anstrengenden Gesprächen oder konzentrierten Gruppenarbeiten.

Balljongleure

Stefan König

Im Spielen können die Teilnehmer Kooperation und Spaß entwickeln, was sich positiv auf das Arbeitsengagement auswirkt.

Teilnehmeranzahl:	6–40 Personen.
Konstellation:	Gruppen à 6 Teilnehmer.
Dauer der Durchführung:	10–15 Minuten.
Material:	2 Luftballons pro Gruppe, davon einer als Reserve.
Location:	Drinnen wie draußen.
Vorbereitungsaufwand:	Middle.

Anleitung

Sechs Teilnehmer bilden ein Team. Ihre Aufgabe ist es, einen Luftballon so lange wie möglich in der Luft zu halten. Die Schwierigkeit dabei ist, dass die Teilnehmer einen Kreis bilden müssen und sich alle an den Händen halten.

Es bietet sich an, für jeden Ballkontakt einen Punkt zu geben. Fällt der Ballon auf den Boden oder der Kreis bricht auseinander, wird von vorne begonnen. So wird jedes Team versuchen, eigene Rekorde aufzustellen.

Variationsmöglichkeiten

Einer im Team kann angeben, mit welchem Körperteil der Luftballon beim nächsten Mal angenommen werden darf, beispielsweise nur mit dem Kopf, nur mit der Schulter und so weiter. Die Teams können auch im Wettbewerb gegeneinander antreten.

Eignung

Dieses Warming-up bietet sich dann an, wenn eine Gruppe schon viel Spaß miteinander gehabt hat, dieser aber durch eine längere Pause unterbrochen war. Beispielsweise nach einer Übernachtung oder zwischen zwei Trai-ningsmodulen, die mehrere Tage oder sogar Wochen auseinander lagen. In dem Fall stellen die Balljongleure eine Möglichkeit da, die gewesene gute Stimmung unter den Teilnehmern wieder zu beleben. In anderen Fällen kann das Warming-up schnell als »Spielchen« abgetan werden.

Stand up!

Stefan König

Körperlicher Einsatz und Geschicklichkeit werden hier vom Einzelnen und von der Gruppe gefordert. Kurzes belebendes Warming-up für zwischendurch.

Teilnehmeranzahl:	6–20 Personen.
Konstellation:	Paare, Kleingruppen, eventuell ganze Gruppe.
Dauer der Durchführung:	10 Minuten.
Material:	Keines.
Location:	Drinnen wie draußen, trockener und eventuell sauberer Untergrund notwendig.
Vorbereitungsaufwand:	Small.

Anleitung

Zwei etwa gleich große Teilnehmer setzen sich einander gegenüber auf den Boden. Die Beine sind leicht angewinkelt, die Fußspitzen aneinandergestellt und die Teilnehmer halten sich an den Händen. Aufgabe des Paares ist es nun, sich gleichzeitig hochzuziehen ohne dabei den Fußkontakt zu verlieren. Dies fordert weniger Kraft als vielmehr gemeinsame Balance, Abstimmung und Koordination des gemeinsamen Handelns.

Variationsmöglichkeiten

Haben die Paare es geschafft, können zwei Paare zusammengehen und auf die gleiche Weise versuchen, zu viert aufzustehen. So können die Kleingruppen erweitert werden, bis die ganze Gruppe versucht, gemeinsam aufzustehen. Dies ist jedoch komplex und kann einige Versuche erfordern. Bei dieser Variante sollten mindestens zehn Minuten eingeplant werden.

Eignung

»Stand up!« eignet sich gut für zwischendurch, beispielsweise wenn Teilnehmer durch eine lange, anstrengende oder auch monotone Arbeit drohen, müde und unaufmerksam zu werden. Hier kann eine Pause angebracht sein oder eben ein Warming-up wie »Stand up!«. Es bietet nicht nur Abwechslung und Bewegung im Gegensatz zur sitzenden Tätigkeit, es ermöglicht zudem, sich konstruktiv auseinander zu setzen, um ein gemeinsames Ziel zu erreichen. Dadurch kann die Dynamik in der Gruppe gefördert und der Symbolcharakter für die gemeinsame Arbeit verstärkt werden.

Achtung!

Im Vorfeld sollten die Teilnehmer unbedingt Finger- und Armringe abnehmen! Sobald sich an die Hände genommen wird und durch die Aufwärtsbewegung Druck auf die Hände kommt, können Ringe schmerzhafte Druckstellen verursachen.

Standhalten

Stefan König

Diese Übung bietet sich als Möglichkeit an, einen körperlichen Ausgleich zur sitzenden Tätigkeit zu finden. Auch innerlichen Anspannungen kann so etwas Luft gemacht werde. Geeignet für zwischendurch, um dem Arbeitsprozess zu neuem Schwung zu verhelfen.

Teilnehmeranzahl:	2–20 Personen.
Konstellation:	Paare.
Dauer der Durchführung:	5 Minuten.
Material:	Keins.
Location:	Drinnen wie draußen, ebener Untergrund.
Vorbereitungsaufwand:	Small.

Anleitung

Die Teilnehmer erhalten hier die Möglichkeit, ihren Partner in einem symbo-lischen Kampf aus dem Gleichgewicht zu bringen. In der Ausgangssituation stellen sich die Teilnehmer mit etwa 25 cm Abstand einander gegenüber auf. Die Handflächen werden aufeinander gelegt und die Füße leicht versetzt auf den Boden gestellt, um einen sicheren Stand zu gewährleisten. Derjenige, der es schafft, den Partner aus dem Gleichgewicht zu bringen, kann einen Punkt für sich verbuchen. Jemand ist aus dem Gleichgewicht gebracht, sobald dieser seine Fußstellung verändern muss.

Eignung

Diese Übung lässt sich gut anwenden, um die Teilnehmer beispielsweise bei stockenden Verhandlungen, zähen Entscheidungsprozessen oder langwierigen und unergiebigen Diskussionen wieder zu beleben und Dynamik in die Aus-einandersetzungen zu bringen.

Tipps zur Moderation und Setting-Gestaltung

In Situationen, in denen nichts weitergeht, unterbreche ich die Teilnehmer und setze einen Schnitt. Ich begebe mich dann auf eine Metaebene und spiegle den Teilnehmern, was ich in der Situation beobachtet und wahrgenommen habe. Beispielsweise sage ich: »Ich habe den Eindruck, dass wir uns im Kreis drehen und einer Entscheidung nicht näher gekommen sind. Um etwas Distanz zum Thema einzunehmen, um dann wieder mit neuer Energie einzusteigen, möchte ich gerne eine kleine Übung mit Ihnen machen ...«

Achtung!

Im Seminarraum sollten die Teilnehmer bei der Durchführung mindestens 1,5 m Abstand zu Stühlen, Tischen, Flipchart und sonstigen Materialien haben, um die Gefahr zu reduzieren sich zu verletzen, wenn ein Teilnehmer einmal unkontrolliert aus dem Gleichgewicht geraten sollte!

Wahrnehmungsübung

Markus Eberhard

Die Teilnehmer entdecken die Wahr-Nehmung (visuell oder akustisch) neu, indem sie von sich ausgehend ihre Konzentration auf minimale Dinge lenken.

Teilnehmerzahl:	Ab 6 Personen.
Konstellation:	Gut für größere Gruppen.
Dauer der Durchführung:	Die Konzentration auf sich und seine Bewegungen sollte mindestens 3 Minuten andauern, das partielle Entdecken der anderen wenigstens 6 Minuten.
Material:	Für die visuelle Variante gar keines. Für die akustische Variante sollte Material der Teilnehmer verwendet werden, zum Beispiel Lineal, Plastiktüte, Handy klopft auf den Tisch.
Location:	Freie Fläche in einem Raum, für die akustische Variante können Tische und Stühle so stehen bleiben, wie sie sind.
Vorbereitungsaufwand:	Nur für die visuelle Variante muss eventuell erst der Platz geschaffen werden.

Anleitung

Lassen Sie die Teilnehmer doch erst einmal durch den Raum gehen (wenn möglich ohne Schuhe). Sie sollen sich auf ihren eigenen Gang und ihre eigenen Bewegungen konzentrieren mit der Aufgabe, jeder Wahrnehmung anderer Teilnehmer auszuweichen, immer dorthin zu sehen, wo keine Kleidung, keine Beine, keine Augen zu sehen sind. Führen Sie durch diese Phase. Jeder kann einen Moment seinem eigenen Atem nachspüren, auf seine Gelenke und deren Tätigkeit achten, was passiert denn genau in einem Fuß, der abrollt? Naturgemäß ist der Blick auf den Boden gerichtet, das Tempo ist langsam. Lassen Sie diese langsame Phase unbedingt entstehen und andauern!

Anschließend sollen die Teilnehmer die anderen von den Füßen aufwärts neu und bewusst entdecken. Wer geht wie und wo, wie viele Sorten Jeans oder Hosen- beziehungsweise Rockstoffe gibt es eigentlich? Welche Muster, Farben gefallen mir und wie fühlt sich das in mir an, was finde ich unangenehm und welche Gedanken entstehen? Über Beine und Bauch bis zum Gesicht vorarbeiten bis zum konkreten Augenkontakt, der bis zu diesem Zeitpunkt vermieden wurde.

Eine Steigerung entsteht durch die Aufforderung möglichst lange den Augenkontakt aufrecht zu erhalten, eine weitere durch das Steigern der Schrittgeschwindigkeit.

Variationsmöglichkeit

Eine akustische Variante ist, mit Bleistift, Lineal, an Wänden, Tischen, Stühlen oder mit den Vorhängen Geräusche entstehen zu lassen. Jeder Teilnehmer sollte erst seine Geräuschideen erkunden, um nach einiger Zeit mit einem, dann mehreren Teilnehmern in einen Klangdialog einzusteigen, später eine Klanggemeinschaft zu bilden. Bedarf ein wenig musikalischen Sinnes des Leiters, man sollte diese Übung nicht zu kurz ansetzen, denn es kann einige Zeit dauern, bis ein »musikalisches« Ergebnis entsteht.

Eignung

Das Wahr-Nehmen, das heißt, das etwas für »wahr« nehmen, kann wichtig werden, wenn sich Teilnehmer nicht mehr zuhören, oder eine Problemstellung nicht mehr sehen wollen.

Tipps zur Moderation und Setting-Gestaltung

Lassen sie Worte wie »frisch«, »wach« und »bewusst« einfließen. Alle langsamen Konzentrationsübungen können den Geist »aufwecken« oder ihn »einlullen«. Zweiteres wäre kontraproduktiv!

Schlüsselbund

Markus Eberhard

Die Teilnehmer lernen bei dieser Übung die positive Seite des »Sekundenschlafes« kennen.

Teilnehmerzahl:	Beliebig.
Konstellation:	Eine kleine Gruppe ist vorteilhaft.
Dauer der Durchführung:	Etwa 10 Minuten.
Material:	Schlüsselbund.
Location:	Im Seminarraum.
Vorbereitungsaufwand:	Small.

Anleitung

Sehr »erwärmend« sind schon die Reaktionen auf die Ankündigung der Übung, denn es geht darum, einzuschlafen. Man setze sich bequem auf seinen Stuhl und achte auf einen guten Abstand vor und neben sich. Die Teilnehmer sollen nun ihren Schlüsselbund zur Hand nehmen und sich ganz bequem hinsetzen, mit beiden Unterarmen stabil auf die eigenen Knie stützen und die Finger leicht verschränken, sodass der Schlüsselbund leicht in den Handflächen liegen bleibt. Anschließend sollen alle die Augen schließen und entspannen. Wenn man es schafft einzuschlafen, fällt der Schlüsselbund zu Boden und weckt einen wieder auf.

Eignung

Müde Teilnehmer, deren Aufmerksamkeit nach intensiver Arbeit mehr und mehr nachläßt, schlechte Luft oder auch intensive Sonneneinstrahlung im Seminarraum oder während einer Sitzung können der Anlass zu dieser Übung sein. Bereits der bloße Versuch einzuschlafen kann den Geist erfrischen.

Tipps zur Moderation und Setting-Gestaltung

Geben Sie die genaue Absichtslinie für die Teilnehmer vor: Einschlafen, um nach dem Fallen des eigenen Schlüsselbundes mit neuer Energie wieder zu sich zu kommen, um anschließend wieder »frisch« weiterarbeiten zu können. Die Teilnehmer müssen diese Abfolge in sich haben. Bleiben Sie nämlich ungenau in der Beschreibung dieser

Übung, kann es passieren, dass der ein oder andere Teilnehmer einschläft, um nach dem Fallen des Schlüsselbundes noch traniger im Sessel zu sitzen als vorher!

Achtung

Machen Sie die Übung auf keinen Fall selbst mit, achten Sie auf Ihre Teilnehmer, es kann vorkommen, dass ein Teilnehmer gemeinsam mit dem Schlüsselbund vom Stuhl zu fallen droht. In diesem Fall durch leichte Berührung den Teilnehmer wach machen, er wird erschrecken und ebenfalls wieder sehr fit sein.

Stuhl umdrehen

Markus Eberhard

Weniger ein Warming-up als ein möglicher Einstieg um Ermüdungserscheinungen vorzubeugen.

Teilnehmerzahl:	Unbegrenzt.
Konstellation:	Einzeln oder Gruppen.
Dauer der Durchführung:	So lange es die Teilnehmer als bequem empfinden.
Material:	Stühle ohne Armlehnen.
Location:	Im Seminarraum.
Vorbereitungsaufwand:	Small.

Anleitung

Bitten Sie Ihre Teilnehmer sich »verkehrt« auf den Stuhl zu setzen und sich mit den Armen auf die Rückenlehne zu lehnen. Der Vorteil: Man sitzt gerader, bleibt länger »offen« im Brustbereich und hält somit länger durch. Lockert auch die Stimmung!

Eignung

Sehr viele Sitzgelegenheiten begünstigen ein Einfallen des Brustkorbes bei zu langem Sitzen.

Diskussion

Galina Pokhmelkina

Aktiviert kommunikative Kreativität und Fantasie, fördert die Dynamik zwischen den Teilnehmern. Die Übung unterstützt die bevorstehende Arbeit besonders im Bereich Kommunikations- und Beratungstraining sowie in der Konfliktbearbeitung.

Teilnehmerzahl:	3–30 Personen.
Konstellation:	Dreiergruppen.
Dauer der Durchführung:	10 Minuten.
Material:	Nein.
Location:	Drinnen wie draußen.
Vorbereitungsaufwand:	Small.

Anleitung

Bitten Sie die Teilnehmer Dreiergruppen zu bilden. In den Gruppen gibt es jeweils drei verschiedene Rollen einzunehmen:

- »Gelähmt« – unbeweglich aber kann sprechen.
- »Blind«.
- »Taub« – sieht alles, spricht aber hört nichts.

Aufgabe ist es unter Einhaltung der Rollen innerhalb von vier Minuten ein Treffen zu vereinbaren. Körperlicher Kontakt ist nicht zugelassen.

Variationsmöglichkeiten

Variabel sind die Informationen rund um das zu vereinbarende Treffen. Was gilt es zu vereinbaren? Wo, wann, was und wie? Je mehr Fragen gestellt werden, desto komplexer wird das Warming-up. Natürlich sind der Fantasie keine Grenzen gesetzt, es könnte sich beispielsweise auch zu einer gemeinsamen Reise verabredet werden.

Eignung

Dieses Warming-up fordet und fördert Teamkoordination sowie einen guten Kontakt zwischen den verschiedenen Teilnehmern. Zudem lässt sich diese Übung einsetzen zum »Aufwärmen« für eine Arbeit, die eine intensive Interaktion zwischen den Teilnehmern erfordert, zum Beispiel wenn es um Projektarbeit geht.

Diese Übung macht spielerisch deutlich, wie unterschiedlich Wahrnehmungen sein können und wie dies die Kommunikation erschweren kann.

Tipps zur Moderation und Setting-Gestaltung

Es kann geschehen, dass es in einem Team zu einem stummen Zustand kommt. In einer solchen Situation interveniere ich mit unterstützenden Bemerkungen. Beispielsweise sage ich: »Versuchen Sie Ihre Körpersprache einzusetzen!«, »Wie könnten Gesten und Mimik Ihre Verständigung verbessern?«, »Wer könnte für wen als ›Übersetzer‹ fungieren?«

Wortsalat

Karin Göppel

Die Teilnehmer erhalten Karten mit Worten und versuchen daraus – ohne sich mit Worten auszutauschen – einen aussagekräftigen Satz zusammenzustellen.

Teilnehmerzahl:	3–40 Personen.
Konstellation:	Gruppen mit je 3–6 Personen.
Dauer der Durchführung:	15–30 Minuten – ohne Feedbackphase.
Material:	Karten mit Worten.
Location:	Drinnen wie draußen.
Vorbereitungsaufwand:	Middle. – Für jedes Wort eine Karte schreiben. Für jede Gruppe muss ein eigenes Paket Wortkarten erstellt werden. Worte in Großbuchstaben schreiben.

Anleitung

Jede Gruppe erhält ein Briefkuvert mit den Wortkarten für ihren Satz. (Dieser Satz darf im Vorfeld nicht verraten werden!) Um gleiche Bedingungen zu ermöglichen, erhalten alle Gruppe den gleichen Satz. Sobald sie das Wortkarten-Paket haben, dürfen sie sich weder verbal noch per Zeichensprache beziehungsweise Gebärdensprache austauschen.

Ziel ist es, die Worte so zu ordnen, dass daraus inhaltlich sinnvolle Sätze oder ein Satz entsteht. Die Zeichensetzung muss nicht berücksichtigt werden, aber es müssen alle Wortkarten verwendet werden.

Für den Seminarthemenbereich »Team«, »Zusammenarbeit« und »Motiviation« eignet sich als Satz ein Zitat, das Antoine de Saint-Exupéry zugeschrieben wird: »Wenn Du ein Schiff bauen willst, so trommle nicht Männer zusammen, um Holz zu beschaffen, Werkzeuge vorzubereiten und die Arbeit einzuteilen, sondern lehre die Männer die Sehnsucht nach dem weiten endlosen Meer.«

Variationsmöglichkeiten

Durch verschiedene Sätze können auch unterschiedliche Seminarinhalte mit einbezogen und so Abwechslung erzielt werden. Hier einige Beispielsätze:

- Wenn du dich weigerst, die Verantwortung für deine Niederlage zu übernehmen, wirst du auch nicht für deine Siege verantwortlich sein. (Antoine de Saint-Exupéry)
- Der Vorteil der Klugheit besteht darin, dass man sich dumm stellen kann. Das Gegenteil ist schon schwieriger. (Kurt Tucholsky)
- Man soll alle Tage wenigstens ein kleines Lied hören, ein gutes Gedicht lesen, ein treffliches Gemälde sehen und wenn es möglich zu machen wäre, einige vernünftige Worte sprechen. (Wolfgang Goethe)
- Ideale sind wie Sterne. Wir erreichen sie niemals, aber wie die Seefahrer auf dem Meer richten wir unseren Kurs nach ihnen. (Carl Schurz)

Eignung

Einstieg in Themen wie zum Beispiel Teamarbeit, Zusammenarbeit, Kommunikation.

Tipps zur Moderation und Setting-Gestaltung

Es sollte ausreichend Platz vorhanden sein, damit die Karten ausgebreitet werden können, beispielsweise auf Tischen oder auf dem Fußboden. Es besteht keine zeitliche Begrenzung, damit die Gruppe genügend Zeit hat, um ein Ergebnis zu erreichen.
Im Anschluss in der Feedbackrunde kann unter anderem ausgewertet werden, wodurch die Zusammenarbeit der Gruppe behindert wurde beziehungsweise was hilfreich war.

An die Wäsche gehen

Markus Ried

Es handelt sich dabei um eine sehr dynamische Übung mit viel Bewegung. Die Teilnehmer befestigen Wäscheklammern an den Kollegen oder nehmen an der Kleidung befestigte Wäscheklammern weg.

Teilnehmerzahl:	Bis 50 (je nach Größe des Raums).
Konstellation:	Gesamte Gruppe.
Dauer der Durchführung:	Bis 10 Minuten (je nach Anzahl der Durchgänge).
Material:	Pro Person 5 Wäscheklammern.
Location:	Drinnen und draußen.
Vorbereitungsaufwand:	Small.

Anleitung

Erster Durchgang: Falls Sie Ihren Kollegen mal an die Wäsche gehen wollten, so haben Sie nun die Gelegenheit. Sie erhalten jeweils fünf Wäscheklammern, die gilt es an der Kleidung der Kolleginnen und Kollegen zu platzieren, natürlich so, dass keine Haut eingezwickt wird. Die Kollegen dürfen sich natürlich durch wegrennen oder wegdrehen wehren. Wer alle seine Wäscheklammern an den Mann beziehungsweise an die Frau gebracht hat, darf zur Seite gehen.

Zweiter Durchgang: Nun gilt es den Kollegen so viele Wäscheklammern von der Kleidung zu entwenden wie möglich. Wenn kein Teilnehmer mehr Wäscheklammern an der Kleidung hat, wird gezählt, wer die meisten besitzt.

Eignung

Grundsätzlich ist dieses Warming-up für jede Gruppe geeignet, die im Kennenlernprozess schon die ersten Schritte absolviert hat. Geeignet ist die Übung vor allem als Wachmacher, zum Beispiel am Morgen oder nach dem Mittagessen. Ist absolut themenunabhängig durchzuführen, kann jedoch auch für Themen wie Abbau von Berührungsängsten oder Ähnliches genutzt werden, obwohl die Reflexionsmöglichkeit doch eher gering ist.

Tipps zur Moderation und Setting-Gestaltung

Natürlich erfordert die Anmoderation dieser Übung etwas Mut vom Trainer, da sie doch einen sehr spielerischen und infantilen Charakter hat. Falls jedoch die Übung mit dem nötigen Schwung und den passenden Worten vorgestellt wird, so kann diese sehr auflockernd und aufmunternd wirken.

Achtung!

Gefahren sind vor allem im Raum befindliche Gegenstände oder ein rutschiger Untergrund bei Outdoorveranstaltungen. Ansonsten ist auf die üblichen Punkte bei körperlicher Bewegung zu achten.

»Gemeinsam mehr sehen!«

Stefan König

Synergie durch Kooperation erleben und nutzen lernen.

Teilnehmeranzahl:	8–24 Personen.
Konstellation:	Einzeln, dann in Subgruppen, anschließend in der gesamten Gruppe.
Dauer der Durchführung:	12 Minuten.
Material:	Ein Flipchart, ein Stift.
Location:	Drinnen wie draußen;
Vorbereitungsaufwand:	Middle.

Anleitung

Zeichnen Sie 16 zusammenhängende Quadrate für die Teilnehmer gut sichtbar auf ein Flipchart. Geben Sie den einzelnen Teilnehmern eine Minute, um zu zählen. Fragen Sie dann die Ergebnisse ab und notieren Sie diese direkt auf das entsprechende Flipchartblatt. Anschließend bilden Sie Zweier-Paare und lassen auch diese eine Minute lang gemeinsam Quadrate entdecken. Die Resultate notieren Sie wiederum auf das Flipchartblatt. Bilden Sie in den weiteren Schritten ein Vierer-Team und anschließend ein Achter-Team. In der letzten Runde sollte die Gruppe in zwei Kleingruppen geteilt sein. Insgesamt sind nicht mehr als vier Runden zu empfehlen. Sollten Sie mehr als 16 Teilnehmer haben, bilden Sie am besten bereits nach der ersten Runde Dreier-Teams.

Das Resultat wird sein, dass in der ersten Runde einzelne Teilnehmer noch weniger als 20 Quadrate sehen. Diese Zahlen wird es zuletzt nicht mehr geben. Die einzelnen Teilnehmer entdecken unterschiedliche Quadrate. Durch den gegenseitigen Austausch von Entdeckungen, vermag der Einzelne letztendlich mehr zu sehen als er alleine im Stande wäre. Die Teilnehmer sehen dadurch in der dritten Runde meistens um die 30 Quadrate. Es geht hier nicht um richtig oder falsch, sondern darum, »gemeinsam mehr sehen«. Ich behalte mir daher auch hier vor, Ihnen die Entdeckung der Quadrate vorweg zu nehmen. Diese Übung erfordert eine Auswertung!

Eignung

Die Übung beinhaltet für die Teilnehmer wenig Bewegung, Abwechslung und auch weniger Spaß. Die Wirkung ist die, dass die Teilnehmer erleben, wie das Zusammenfügen von verschiedenen Blickwinkeln von unterschiedlichen Teilnehmern mehr entdeckt werden kann, als man vielleicht alleine jemals entdeckt hätte.

Die Teilnehmer erleben hier, wie verschiedene Ressourcen im Team genutzt werden können, um ein Ergebnis zu erreichen, das allein nicht möglich wäre. Dieses Warming-up bietet sich an, wenn die nachfolgende Arbeit darauf ausgerichtet ist, Ressourcen im Team zu nutzen, um zu einem Ergebnis zu kommen.

Tipps zur Moderation und Setting-Gestaltung

Geben Sie den Teilnehmern jeweils nicht mehr als eine Minute Zeit, die Quadrate zu zählen: Der Effekt ist höher, wenn die Teilnehmer nicht lange überlegen, sondern handeln, das heißt in diesem Fall: Zählen und sich austauschen.

Diese Übung sollte unbedingt ausgewertet werden, um den Teameffekt zu formulieren und sich bewusst werden zu lassen, wie es dazu gekommen ist. Diese Auswertung erhöht die Möglichkeiten für die Teilnehmer, den Effekt auch in anderen Arbeitssituationen zu nutzen. Eingeleitet werden könnte eine Reflexion beispielsweise mit den Resultaten der verschiedenen Runden: »Wenn ich mir die Resultate ansehe, fällt auf, dass Zahlen unter 20 Quadrate nur in der ersten Runde vorgekommen sind und sich in der letzten Runde um die 30 eingependelt hat. Wie ist es Ihrer Meinung nach zu dieser Steigerung gekommen?«. Es bietet sich auch an, einzelne Teilnehmer mit einer niedrigen Zahl in der ersten Runde zu fragen: »Wie ist es dazu gekommen, dass Sie zuerst nur 16 Quadrate gesehen haben und anschließend 30?« Weitere Transferfragen könnten lauten: »Sehen Sie Möglichkeiten, diesen Synergieeffekt auch in der anschließenden Zusammenarbeit zu nutzen? Wenn ja, wie könnte dieser Effekt genutzt werden?«

»Gemeinsam schaffen wir es!«

Stefan König

Die Teilnehmer werden vor eine ungewöhnliche Herausforderung gestellt, die gegenseitige Abstimmung und eine sensible Wahrnehmung fordert. Die Metapher hierzu »Gemeinsam schaffen wir es!« wird auch leicht auf die folgende Arbeit übertragen.

Teilnehmeranzahl:	2–80 Personen.
Konstellation:	Paar(e), kleine Gruppen, gesamte Gruppe.
Dauer der Durchführung:	Je nach Teilnehmeranzahl 2–15 Minuten.
Material:	Keins.
Location:	Drinnen wie draußen.
Vorbereitungsaufwand:	Small.

Anleitung

In Paaren setzen sich die Teilnehmer Rücken an Rücken auf den Boden. Bei einer ungeraden Zahl bildet sich eine Dreier-Gruppe.

Nun versuchen die Paare wieder aufzustehen, ohne dabei den Rückenkon-takt zu verlieren. Haben die Paare es geschafft, können sich Vierer-Teams, dann Achter-Teams und zum Schluss die ganze Gruppe zusammentun und versuchen, angelehnt aneinander vom Boden aufzustehen.

Eignung

Das Warming-up ist symbolträchtig und vermittelt dem einzelnen Teilnehmer: »Gemeinsam schaffen wir es!« oder »Gemeinsam können wir die nächste Aufgabe erfolgreich lösen!«

Ein solches Bild wirkt stärkend und motivierend für die Zusammenarbeit. Entsprechend kann es eingesetzt werden, um beispielsweise auf eine bevorstehende Teamarbeit und die Bearbeitung komplexer Aufgaben einzustimmen.

Bernd Weidemann

Active Training: So geht es!

Aus: Handbuch Active Training

Die meisten Trainer verschenken wertvolle Möglichkeiten, ihre Seminarteilnehmer zu aktivieren. Dabei gibt es so viele Möglichkeiten, sie einzubeziehen. Die folgenden Übungen können Sie auch ausgezeichnet in Besprechungen oder bei Tagungen einsetzen.

Lassen Sie die Teilnehmer aktiv werden

Wenn Sie also Teilnehmer aktivieren wollen, dann machen Sie immer – und möglichst konkret – den Nutzen für die Teilnehmer deutlich.

- Eine Gruppenarbeit kann zum Beispiel durch das Üben sicherer machen, Tipps für den Alltag in der Praxis erbringen, ein drängendes Problem lösen, hilfreiches Feedback liefern, Neues kann ausprobiert werden.
- Lernspiele können Wissenslücken aufdecken und schließen, das Gelernte ankern, einen souveräner mit dem Wissen arbeiten lassen.
- Kicks, Bewegungsspiele und Ähnliches machen gute Laune, erfrischen, wecken auf, fördern die Konzentration oder die Wahrnehmung, mobilisieren Energie im Wettbewerb.
- Kennenlernmethoden öffnen Teilnehmer, erleichtern den Kontakt, decken interessante Seiten der Teilnehmer auf, kurbeln die Gruppenentwicklung an, lassen Gemeinsamkeiten erkennen.
- Feedbackmethoden zeigen, wie man sich gegenseitig wahrnimmt; schaffen ein Klima der Offenheit und des Vertrauens, fördern das Wir-Gefühl.
- Reflexionsmethoden zum Seminarverlauf und zum Trainer helfen dem Trainer, sich auf die Teilnehmer einzustellen; geben den Teilnehmern Einfluss auf das Seminar, nehmen sie in die Verantwortung.

Es reicht nicht, wenn Sie als Trainer diese nützlichen Wirkungen kennen. Die Teilnehmer selbst sollten erfahren, was sie davon haben. Machen Sie also den Teilnehmern den Nutzen klar. Machen Sie es wie die Profiverkäufer. Diese argumentieren kundenbezogen. Sagen Sie also nicht: »Diese Übung dient dem Sichern des Gelernten.« Sondern: »Nach dieser Übung werden Sie bemerken, dass Sie jetzt alles verstanden haben. Und dass das Wissen ›sitzt‹. Jetzt ist es immer da, wenn Sie es brauchen.«

> Nicht weil ich besonders stark,
> ausdauernd, kühn wäre,
> bin ich erfolgreich. Ich mache mir
> mein Tun zuerst sinnvoll.
>
> Reinhold Messner

Machen Sie es sich zur Gewohnheit, dass Sie bei der Vorbereitung eines Seminars genau überlegen, wie Sie den Nutzen von Gruppenarbeiten und anderen Aktivitäten plastisch und teilnehmerorientiert darstellen. Das sollte man nicht so aus dem Ärmel schütteln. Denn hier geht es um Teilnehmermotivation pur. Man tut etwas gern, wenn man einen Sinn darin erkennt.

Accelerated Learning

Im Jahr 2004 erschien im Verlag managerSeminare die deutsche Übersetzung des Bestsellers von Dave Meier »Accelerated Learning«. Meier zeigt darin an vielen Beispielen aus der Trainingspraxis, dass Aktivität der Teilnehmer das Lernen nicht nur interessanter und nachhaltiger macht, sondern es auch beschleunigt. Er nimmt Bezug auf die bekannte Unterscheidung von drei Gehirnteilen: Reptilienhirn, Neokortex und Mittelhirn. Das Reptilienhirn heißt so, weil auch Reptilien darüber verfügen. Es regelt die Grundfunktionen zum Überleben. Das Reptiliengehirn funktioniert automatisch, routiniert. Der Neokortex ist zuständig für höhere Funktionen wie Denken, Sprechen, Rechnen, Planen, Feinmotorik und Kreativität. Das Mittelhirn, vor allem das limbische System, ist das soziale und emotionale Gehirn.

Ein Training, bei dem die Teilnehmer ihren Körper bewegen, ihr Denken zum Bearbeiten von Herausforderungen anstrengen, dabei Gefühle erleben sowie Erfahrungen einbringen, nutzt alle diese Segmente. Wie reduziert ist dagegen das Lernen, wenn man auf seinem Stuhl sitzt und abstrakten, von sinnlicher Erfahrung gereinigten Ausführungen folgen muss! Nach Dave Meier gibt es eine einfache Regel für die Gestaltung von Trainings und Seminaren. Er empfiehlt den SAVI-Ansatz:

S = Somatisch: Beim Lernen sollen sich die Teilnehmer bewegen, etwas tun.
A = Auditiv: Sie sollen hören und sprechen.
V = Visuell: Sie lernen durch Beobachten und innere Bilder (Kopfkino, Imagination).
I = Intellektuell: Sie lösen Probleme und reflektieren.

SAVI können Sie als Checkliste benutzen. Prüfen Sie doch einfach einmal nach, ob in Ihren Trainings alle vier Bereiche optimal entfaltet sind. Stellen Sie sich folgende Fragen:

- Wie viel Bewegung lasse ich in meinen Trainings zu?
- Dominiert das Hören oder haben meine Teilnehmer ausreichend Gelegenheit, selbst zu sprechen und miteinander zu reden?
- Wie oft tun die Teilnehmer etwas selbstständig?
- Arbeite ich häufig genug mit Visualisierungen?
- Wie oft rege ich die Teilnehmer an, sich etwas vorzustellen, ihr »inneres Auge« zu nutzen?
- Gibt es in meinen Seminaren ausreichend Probleme, für die meine Teilnehmer Lösungen suchen, planen, kooperieren und ausprobieren können?
- Wie viel Raum gebe ich dem Nachdenken über die Erfahrungen aus den Aktivitäten, also über Lösungswege, Fehler, Unterschiede zwischen den Teilnehmern?

Wenn Sie Schwachstellen in Ihren Seminaren oder Trainings entdecken, versuchen Sie, Methoden zu finden, die das Defizit beheben. Fragen Sie immer: »Möchte ich Teilnehmer an meinem Seminar sein? Möchte ich so lernen?«

Dave Meier meint, der Ball müsse in 70 Prozent der Zeit im Feld der Lernenden sein. Zwei Drittel der Zeit sollten also Ihre Teilnehmer aktiv sein und sich mit dem Thema selbstständig beschäftigen. Die wichtigsten Unterschiede zwischen der konventionellen und der modernen Lernkultur sind für ihn folgende:

Konventionelles Lernen	Accelerated Learning
steif	flexibel
ernst und trist	freudvoll
einkanalig	mehrkanalig
mittelorientiert	nutzenorientiert
Wettbewerb	Zusammenarbeit
behavioristisch	humanistisch
verbalisierend	multisensorisch
kontrollierend	umsorgend
Schwerpunkt auf Unterlagen	Schwerpunkt auf Aktivitäten
kognitiv	kognitiv + emotional + physisch
zeitorientiert	ergebnisorientiert

Die Methoden, die ich in dem Handbuch »Active Training« zusammengetragen habe, erfüllen die Kriterien, die Dave Meier für sein Accelerated Learning aufgestellt hat. Die beiden Bücher ergänzen sich deshalb sehr gut.

»Warum mache ich als Trainer so viel selbst?«

Die meisten Trainer verschenken wertvolle Möglichkeiten, ihre Seminarteilnehmer zu aktivieren, weil sie viel zu viel selbst machen. Dieses Verhalten nach dem Drehbuch »fürsorgliches Eltern-Ich« ist vielschichtiger als es auf den ersten Blick scheint. Es ist eine Melange aus

- Kontrolle (»Wenn ich das mache, klappt es auch.«),
- Fürsorge (»Ich nehme den Teilnehmern Arbeit ab.«),
- Zuneigungswunsch (»Die mögen mich, wenn ich vieles selber mache.«).

Das klingt mehr nach Egoismus aus als nach Teilnehmerorientierung. Man darf getrost davon ausgehen, dass die meisten Teilnehmer das genau so sehen oder zumindest fühlen. Der überaktive und damit überbehütende Trainer wird also vergeblich auf Belohnung und Anerkennung warten. Die bekommt »leider« der Trainer, der seine Teilnehmer handeln lässt, ihnen Aufgaben überträgt, sie aktiv hält.

Anregungen für die Teilnehmeraktivierung

Es gibt so viele Möglichkeiten, Teilnehmer einzubeziehen. Vielleicht ist in der folgenden Liste die eine oder andere für Sie dabei:

- Fordern Sie die Teilnehmer schon ein paar Wochen vor dem Seminar auf, Wünsche zum Thema, vielleicht auch schon zu den Arbeitsformen zu nennen. Wundern Sie sich nicht, wenn Sie zu den Arbeitsformen zuerst einmal Negatives zu lesen bekommen (»Bloß keine Rollenspiele!«). Wenn die Teilnehmer im Seminar Vertrauen entwickelt haben, ist das meistens kein Problem mehr. Aber durch die Vorabfrage können Sie sich auf Aversionen gegenüber bestimmten Methoden schon einmal einstellen.
- Lassen Sie die Teilnehmer den Raum einrichten. Sie sollen entscheiden, ob sie lieber einen Stuhlkreis oder Tische oder beides haben wollen.
- Verteilen Sie gleich zu Beginn Jobs.
- Fragen Sie zu Beginn jeden Teilnehmer, was er oder sie nach dem Training unbedingt (besser) können möchte.
- Pinnen Sie bei Kartenabfragen die Karten nicht selbst an die Pinnwand. Lassen Sie es die Teilnehmer tun.
- Lassen Sie bei Kartenabfragen die Karten durch die Teilnehmer an einer zweiten Pinnwand ordnen (»clustern«). Halten Sie sich heraus.
- Legen Sie die Zeit für Gruppenarbeiten oder Pausen nicht selbst fest. Fragen Sie die Teilnehmer: »Wie lange brauchen Sie für die Gruppenarbeit?« Oder »Wie viel Zeit benötigen Sie, um sich zu erholen?« Wenn die Schätzung der Zeit für Gruppenarbeiten Ihrer Meinung nach zu knapp ausfällt, mischen Sie sich nicht ein. Gehen Sie stattdessen nach der Frist zu den Gruppen und fragen Sie, ob sie noch mehr Zeit brauchen. Schätzen die Gruppen die Zeit Ihrer Meinung nach zu üppig, gehen Sie nach der Zeit, die Sie für richtig halten, herum und schauen Sie, wie weit die Teams sind.
- Reduzieren Sie bei der Wissensvermittlung Ihren Redeanteil. Prüfen Sie, welche Inhalte Sie durch gut aufbereitete Handouts oder Dokumente vermitteln können, die Sie den Teilnehmern ausgeben und mit bestimmten Fragestellungen bearbeiten lassen. Verwenden Sie Methoden wie »Murmelgruppe« und »Expertenbefragung«.
- Lassen Sie nach einem Seminarabschnitt die Teilnehmer öfter selbst darüber nachdenken, wie sie das Gelernte üben, überprüfen, vertiefen wollen. Sie werden sich wundern, wie viel didaktische Fantasie sich dabei entwickelt. Und die selber »erfundene« Methode wird dann auch gerne durchgeführt.
- Lassen Sie in Ihrer Zeitplanung Fenster (zum Beispiel eine Stunde pro Tag), in denen die Teilnehmer selbst entscheiden, was sie jetzt noch bearbeiten möchten und wie.
- Lassen Sie bei Rollenspielen Situationen und Figuren durch die Teilnehmer selbst erfinden. Es geht ja um deren Praxis.

- Lassen Sie Zuruflisten am Flipchart durch Teilnehmer notieren. Bringen Sie ihnen als erstes die Pinnwandschrift bei.
- Starten Sie jeden Seminartag mit einem (möglichst aktivierenden) Rückblick, gestaltet durch zwei Teilnehmer, in dem wichtige Ergebnisse des Vortags festgehalten werden.
- Spielen Sie in den Pausen die Musik, die die Teilnehmenden wünschen. Jedes Laptop hat heute einen CD-Player, den Sie nutzen können.
- Überlassen Sie die Freizeitgestaltung den Teilnehmern.
- Handeln Sie nach dem Prinzip: »Wer das Problem hat, hat auch die Verantwortung, es zu lösen.« (Beispiel: Ein Teilnehmer beschwert sich bei Ihnen, dass ihn der Schweißgeruch seines Nachbarn stört und bittet Sie als Trainer, Abhilfe zu schaffen. Antworten Sie: »Ich verstehe, dass Sie das stört. Sagen Sie es Ihrem Nachbarn.«)
- Etablieren Sie nach Seminarabschnitten oder zum Tagesabschluss »Transferrunden«, in denen die Teilnehmer konkretisieren, was sie davon und wie für ihre Praxis nutzen wollen.
- Schalten Sie bei Problemen und Krisen die Teilnehmer ein. Beispiele: Kartenabfrage zu Lösungen; Einrichtung eines »Krisenstabes«, welcher der Gruppe nach Beratung Vorschläge unterbreitet; Aufstellen der Teilnehmer zwischen Pinnwänden, auf denen die kontroversen Positionen stehen, dann Diskussion vom jeweiligen Standpunkt aus.

Die Botschaft all dieser Maßnahmen lautet: »Dieses Seminar ist euer Seminar!« – Das heißt auch: »Ihr habt – mit mir zusammen – die Verantwortung für Misslingen oder Gelingen.« Das ist erwachsenengemäß. Klar wird auch, was das Seminar ist: Keine Veranstaltung, die man besucht und die einem gefällt oder nicht, sondern gemeinsame zielorientierte Arbeit. »Active Training« ist nicht Selbstzweck oder Motivationstrick, sondern erwachsenengerechte Zusammenarbeit, um besser zu werden.

Und wenn Teilnehmer trotzdem nicht wollen?

Passivität ist in unserem Bildungssystem die Regel, Aktivität die Ausnahme. Lernende sind die meiste Zeit stumm. Es sei denn, sie werden aufgerufen oder melden sich. Das Bienenkorbgeräusch redender Teilnehmer hört man nicht an den Lernorten, sondern in den Kaffeepausen oder abends an der Bar. Mit den Jahren hat man sich als Lernender in dieser Rolle eingerichtet, es sich darin vielleicht sogar gemütlich gemacht. Wenn ein Trainer jetzt plötzlich Aktivität verlangt, ist das ein harter Wechsel. Schluss mit dem Sich-Berieseln-Lassen und dem Abschalten zwischendurch. Schluss mit der bequemen Haltung des Zuhörers, der selber nichts beiträgt und deshalb umso lockerer den Trainer loben oder kritisieren kann. Schluss mit der verführerischen Illusion, man habe ja das Wichtigste verstanden und könne das meiste schon. Denn jetzt ist man selbst an der Reihe, soll etwas beitragen, Stellung beziehen, Neues erproben, sich mit anderen zusammenraufen, Ergebnisse präsentieren, Feedback annehmen und Feedback geben, im Wettbewerb stehen und Probleme lösen. So muss sich ein Couchpotato fühlen, wenn er einem Fitnesstrainer in die Hände fällt.

Aber es gibt auch aktivitätsgeschädigte Teilnehmer. Sie hatten das Pech, in Trainings von Pseudo-Aktivisten geraten zu sein. Das sind Trainer, bei denen immer etwas »los« sein muss. Sie erinnern an Animateure in den Ferienclubs, denen die Angst im Nacken sitzt, die Gäste könnten sich langweilen. Ebenso wie die Animateure arbeiten diese Trainer mit einer unwiderstehlichen Mischung aus Liebenswürdigkeit und Penetranz. Und wie im Ferienclub erinnern die Spiele mehr an Kindergeburtstage als an Erwachsenenunterhaltung. Kein Wunder, dass Teilnehmer mit solchen Erfahrungen erst einmal den Kopf einziehen, wenn Sie eine »spannende Übung« oder einen »starken Kick« ankündigen.

Bedenken Sie auch, dass Teilnehmer je nach Typ unterschiedlich auf aktivierende Methoden reagieren. Pragmatiker blühen bei Aktivität auf, Theoretiker brauchen noch mehr Hintergrundinformation. Dies bedeutet nicht, dass eher theorie- oder faktenorientierte Menschen keine aktivierenden Methoden mögen. Aber sie müssen durch gute Information »eingefädelt« werden. »Just for fun« lehnen sie ab.

Widerstände – aus welchem Grund auch immer – sind zu erwarten, wenn Sie sich für ein konsequentes Active Training entscheiden. Aber Ihre Chancen sind nicht schlecht, dass die Teilnehmer bald mitziehen. Hier einige Tipps zum Umgang mit Teilnehmern, denen Active Training suspekt ist:

- Überlegen Sie sorgfältig, welche Methode zu den Teilnehmern passt.
- Beginnen Sie mit kurzen Übungen in kleinen Gruppen. Methoden in größeren Gruppen und längerem Zeitbedarf sollten Sie erst später einsetzen.
- Sagen Sie jedes Mal so konkret wie möglich, welchen Gewinn die aktivierende Methode den Teilnehmern bringen wird.
- Achten Sie auf eine gute Dramaturgie: Auf Aktivität und Anspannung folgt eine ruhige Phase, nach der Gruppenarbeit ist Zeit für Einzelarbeit und Besinnung, nach Pausen macht ein kurzer Kick wieder arbeitsfähig, nach Problemen will man etwas Leichtes und Lustiges, nach Konzentration kommt etwas Kreatives oder es folgt einfach Bewegung.
- Aktivierungen müssen vorbereitet werden. Sie brauchen ein »Warm-up«. Ein aktivierender Kick passt perfekt als Ouvertüre. Die Teilnehmer haben sich ein paar Minuten bewegt, vielleicht gelacht, sind munter. Jetzt können sie loslegen! Trainer halten oft ein langes Referat und wechseln dann abrupt in eine Gruppenarbeit. Das ist ein didaktischer Kunstfehler. Aus dem Stand kann kaum einer vom passiven Zuhörer zum aktiven Teamworker werden.
- Wählen Sie nur Methoden aus, die Sie von Ihrem Seminarplan her begründen können. Wenn man Sie fragen würde: »Warum haben Sie an dieser Stelle diese Methode gewählt?« sollten Sie mehr sagen können als: »Weil die Teilnehmer da aktiv sind.«

- Lassen Sie die Finger von Methoden, bei denen Sie unsicher sind. Fragen Sie sich stets: »Würde ich als Teilnehmer da gerne mitmachen?« (Ich habe die Methoden in diesem Buch danach ausgewählt.) Die Teilnehmer spüren sofort, wenn ein Trainer nicht von einer Methode überzeugt ist.
- Erwarten Sie nicht, dass alle Teilnehmer begeistert jede Methode annehmen. Gründe dafür gibt es genug. Sie liegen in der Regel nicht an der Methode. Vertrauen Sie darauf, dass Ihr Aktivitätskonzept Früchte trägt.
- Gehen Sie flexibel mit Änderungswünschen an Ihren Methoden um. Als Trainer sind Sie nicht der alleinige Methoden-Guru. Die meisten Teilnehmer haben intuitiv eine gute Methodenkompetenz und wissen, wo eine Methode hakt. Zusammen finden Sie die für die Gruppe passende Version.
- Orientieren Sie sich an den Teilnehmern, denen die aktivierenden Methoden liegen, Spaß machen, Gewinn bringen. Nehmen Sie diese als Bestätigung für Ihr Active Training.

Trennen Sie sich von der Illusion, aktivierende Methoden könnten Sie aufs Geratewohl durchführen oder mal so nebenbei ausprobieren. Im Lehrgespräch können Sie vielleicht improvisieren, wenn Sie sich mit dem Thema auskennen. Doch die Methoden in diesem Buch sind eben wie Rezepte in einem Kochbuch. Oder wie Partituren von Musikstücken. Sie schildern einen Ablauf, der sich genau so und nicht anders bewährt hat. Wenn Sie also eine Methode zum ersten Mal ausprobieren wollen, sollten Sie die Beschreibung genau lesen und in Ihrer Vorstellung durchspielen.

Überlegen Sie sich genau, mit welchen Worten Sie die Methode den Teilnehmern vermitteln. Sprechen Sie die Worte in der Vorbereitungsphase laut aus. Antizipieren Sie, wo es Probleme geben könnte. Wenn Sie die Methode dann ein paar Mal erfolgreich erprobt haben, können Sie an der einen oder anderen Stelle variieren. Das mag Ihnen vielleicht zu streng und zu vorsichtig erscheinen. Aber diese Methoden sind nun einmal nur in der beschriebenen Form erprobt. Für die Varianten gibt es keine Gewähr. Wenn Sie eine Methode in den Sand gesetzt haben, wird es das nächste Mal schwerer.

Gleichzeitig sollten Sie sich immer fragen: »Passt diese Methode für mein Thema und für meine Zielgruppe?« Bei der Fülle der Methoden ist für die meisten Situationen etwas dabei. Die Herausforderung ist, die eigene Bequemlichkeit zu überwinden und den eingefahrenen Weg der Standardmethoden zu verlassen.

Jobkarten

Zeitbedarf: 5 Minuten.

Material: Pinnwandkarten mit Jobbeschreibungen.

Situation: Seminarbeginn.

Kurzbeschreibung: Jeder Teilnehmer zieht eine Jobkarte.

Beschreibung: Der Trainer bereitet so viele Jobkarten vor wie es Teilnehmer gibt. Auf jede Karte schreibt er einen Job, den der Betreffende im Seminar erledigen wird. Dann zieht jeder Teilnehmer »seine« Karte. Der Trainer erläutert, was der Job genau bedeutet. Es folgen zur Verdeutlichung einige Beispiele für Jobkarten:

- *Wunderlampe*: Wenn es etwas Gruppendienliches zu tun gibt, reibt man den Teilnehmer wie Aladins Wunderlampe und bittet ihn, das zu erledigen. Dazu zählen natürlich nicht etwa Aufräumen oder Getränke besorgen. Der Geist aus der Lampe kann jedoch die Bowlingbahn für den Abend reservieren.
- *Abendglocke*: Dieser Teilnehmer gestaltet einen Tagesabschluss. Der genaue Tag muss auf der Karte genannt sein. Der Fokus kann auf der Sachebene liegen (Quiz zu Tagesthemen) auf der Gruppenebene (Gruppenfeedback) oder auf der Subjektebene (Stimmungsbarometer, Blitzlicht, Vorsätze entwickeln).
- *Ausguck*: Dieser Teilnehmer hält die Augen offen und meldet sich, wenn er etwas beobachtet hat, das für alle wichtig sein könnte.
- *Feuermelder*: Dies ist die Variante zu »Ausguck«. In diesem Fall geht es aber um das Beobachten, ob es an irgendeiner Stelle brennt, ob zum Beispiel Konflikte oder Störungen auftreten, die man zum Thema machen sollte.
- *Morgenzeitung*: Bei mehrtägigen Veranstaltungen berichtet dieser Teilnehmer jeweils zum Seminarstart am Vormittag mithilfe von Schlagzeilen noch einmal das Wichtigste vom vergangenen Tag.
- *Kick*: Einmal im Seminar führt dieser Teilnehmer mit der Gruppe einen Kick durch, also ein wildes Bewegungsspiel, etwas zum Lachen oder eine Knobelaufgabe zum Nachdenken. Wie bei der »Abendglocke« steht auf der Kickkarte auch der Tag.
- *Reporter*: Der Inhaber dieser Karte kann immer dann, wenn es ihm sinnvoll erscheint, mit einem Mikrofon (dicker Stift, Colaflasche) herumgehen und Kurzinterviews machen. Beispiele: »Wie geht es Ihnen im Moment?«, »War in der letzten

Stunde etwas Neues für Sie dabei?«, »Wie hat Ihrer Ansicht nach der Trainer heute seinen Job gemacht?«, »Wie finden Sie Ihre Mitarbeit bis jetzt?«, »Wir sind auf Sendung. Was möchten Sie der Gruppe unbedingt sagen?«
- *Schutzengel*: Wenn jemand offensichtlich Hilfe und Unterstützung braucht, kümmert sich der Schutzengel darum.
- *Oscar*: Dieser Teilnehmer darf am Ende des Seminars mit dem nötigen Tam-Tam (»The winner is ...«) einen Oscar für eine besondere Leistung in einer Kategorie (zum Beispiel Präsentation, Rollenspiel, Gruppendienlichkeit, Humor), für die beste Charakterdarstellung (Vorbild, Problemlöser) oder Nebenrolle (guter Geist im Hintergrund) verleihen. Er kann aber auch entscheiden, dass es diesmal keinen Oscar gibt.

Es gibt also Karten, die erledigt werden müssen (zum Beispiel Kick, Abendglocke) und andere, die vielleicht nie genutzt werden (zum Beispiel Ausguck, Reporter).

Chancen und Gefahren: Bei mehrtägigen Seminaren sind Jobkarten sehr zu empfehlen, weil sie die Teilnehmer gleich zu Beginn auf Verantwortlichkeiten aufmerksam machen und diese konkreten Personen zuteilen. Aber auch wer zum Beispiel nicht die Jobkarte »Feuermelder« gezogen hat, weiß nun, dass es in diesem Seminar angesagt ist, den Mund aufzumachen, wenn man einen Konflikt oder ein aktuelles Problem wahrnimmt. Allen Teilnehmern wird durch die Jobkarten bewusst, dass das Seminar Sache aller und keine »Trainershow« ist.

Varianten: Man kann sich weitere Jobkarten ausdenken, die zum jeweiligen Seminarthema und zu den Seminarzielen passen. Die Jobs sollten unbedingt positiv formuliert sein: also »Wunderlampe« statt »Sklave«.

Überraschungsfragen

Zeitbedarf: 15 Minuten.

Material: Beschriftete Pinnwandkarten.

Situation: Kennenlernen. Varianten: Bestandsaufnahme, Feedback.

Kurzbeschreibung: Jeder Teilnehmer zieht aus einem Stapel eine Pinnwandkarte und beantwortet die Frage, die auf der Rückseite steht.

Beschreibung: Der Trainer geht herum und lässt jeden Teilnehmer eine Pinnwandkarte oder ein gefaltetes DIN-A5-Blatt ziehen. Auf der Rückseite ist eine persönliche Frage notiert. Jeder studiert seine Frage und denkt kurz über die Antwort nach.Wer an die Reihe kommt, liest den anderen seine Frage vor und beantwortet sie. Ist die Frage zu persönlich, kann er auch »passen«. Er braucht sich dafür nicht zu rechtfertigen. Beispiele für Fragen sind:

- Gibt es jemanden in Ihrem Leben, der Sie sehr beeinflusst hat. Inwiefern?
- Wenn Sie ein Jahr Urlaub mit vollem Gehalt bekämen: Was würden Sie tun? Warum?
- Erinnern Sie sich an eine Situation, in der Sie richtig stolz auf sich waren?
- Wo und wie sehen Sie sich heute in zehn Jahren?
- Sie werden auf die einsame Insel verbannt. Welches Buch, welche Musik,welches Sportgerät würden Sie mitnehmen und warum?
- Sie werden für ein Jahr in einen Promi verzaubert (auch aus der Vergangenheit). Wen wählen Sie und warum?
- Was können Sie an anderen Menschen am wenigsten leiden?
- Was bedeutet für Sie »Sinn des Lebens«?
- Was wäre Ihr Traumberuf und warum?
- Wie tanken Sie Energie auf?

Chancen und Gefahren: Diese Fragerunde ist eine gute Ergänzung zur formellen Vorstellungsrunde mit den üblichen Standardthemen (Beruf, Herkunftsort, Alter, Familie, Hobby). Diese Routinerunde sollte möglichst kurz verlaufen, am besten nur ein Satz pro Punkt und Teilnehmer. Die Runde mit den Überraschungsfragen hat eine ganz andere Qualität. Zum einen erfährt man etwas über die Persönlichkeit jedes Teilnehmers. Zum anderen sendet der Trainer mit dieser Kennenlernmethode wichtige Signale für die Beziehungsebene im Seminar, nämlich »Hier besteht Interesse an jeder Person«, »Offenheit ist erwünscht« und »Jeder soll sich hier so geben können wie er ist«.

> Fragen sind niemals indiskret;
> nur Antworten sind es bisweilen.
>
> Oscar Wilde

Diese personnahe Methode ist für viele Teilnehmer ungewohnt und löst deshalb bei manchen Unsicherheit aus. Im Beruf haben sie vielleicht gelernt, dass es ein Fehler ist, Persönliches mitzuteilen. Oder sie meinen, nicht so gut Persönliches ausdrücken zu können. Um es diesen Teilnehmern nicht allzu schwer zu machen, sollten Sie zwei Regeln beachten:

- »Passen« ist erlaubt.
- Die Reihenfolge bei den Antworten ist den Teilnehmern überlassen. Es geht also nicht reihum nach der Sitzordnung. So kann sich der eine oder andere Teilnehmer Zeit lassen und auch beobachten, wie die anderen mit ihren Fragen umgehen.

Varianten:Man kann, wenn die Gruppe klein ist und das Seminar mehrere Tage dauern wird, einen zweiten Satz Fragen von den Teilnehmern schreiben lassen. Jeder Teilnehmer zieht dann eine Karte aus dem vorbereiteten Stapel und eine aus den Teilnehmerfragen.Wenn dabei jemand die Fragekarte zieht, die er selbst geschrieben hat, ist das nicht schlimm.

Die Methode der Überraschungsfragen kann man auch in anderen Situationen einsetzen:

- bei einem Tages- oder Seminarrückblick (Beispielfrage: »Gab es heute einen Moment, wo es richtig ›Aha‹ bei dir gemacht hat?«),
- in einer schwierigen Situation (Beispielfrage: »Hat dich etwas verletzt?«),
- zum Thema Transfer (Beispielfrage: »Was wirst du zuerst verändern?«).

Wieder schreiben die Teilnehmer zum Thema je eine Frage auf eine Karte oder ein Blatt Papier. Diese werden gemischt. Dann zieht jeder eine Frage. Im Stuhlkreis werden sie dann nacheinander vorgelesen und beantwortet.

Ein Gegenstand findet mich

Zeitbedarf: 15 Minuten.

Situation: Kennenlernen, schwierige Situation, Feedback, Abschluss, Transfer.

Kurzbeschreibung: Jeder Teilnehmer sucht sich innerhalb von zehn Minuten drinnen oder draußen einen Gegenstand, der ihm zum Thema etwas »sagt«. Danach teilt jeder mit, warum gerade dieser Gegenstand ihn gefunden hat.

Beschreibung: Es gibt Situationen, in denen manche Teilnehmer lieber schweigen wollen als etwas von sich preiszugeben. In derartigen Situationen fällt es leichter, einen Gegenstand »sprechen« zu lassen. Der Impuls, sich von einem Gegenstand suchen zu lassen, hängt von der Situation ab.

- »Suchen Sie einen Gegenstand, der etwas über Sie aussagt.« (Anfangssituation)
- »Suchen Sie einen Gegenstand, der mitteilt, was uns aus der aktuellen Krise helfen könnte«. (schwierige Situation)
- »Suchen Sie einen Gegenstand, der etwas über Ihren Kollegen X aussagt.« (Feedback)
- »Suchen Sie einen Gegenstand, der Sie nach dem Seminar immer daran erinnert, was Sie sich vorgenommen haben.« (Abschluss und Transfer)

Die Teilnehmer schwärmen aus, bis sie von ihrem Gegenstand gefunden wurden. Nach der vereinbarten Zeit setzen sie sich wieder auf ihre Plätze. Ohne vorgegebene Reihenfolge lässt jeder seinen Gegenstand sprechen (»Ich bin von diesem Gegenstand gefunden worden, weil ...«).

Chancen und Gefahren: Der Dreh »Der Gegenstand findet mich« oder »Der Gegenstand spricht« ist ungewohnt. Aber man erzielt drei positive Effekte:

- Das Objekt gewinnt eine Bedeutung, beinahe ein Eigenleben.
- Der Sprecher wird entlastet. Es ist ja das Objekt, das ihm und den anderen etwas mitteilt.
- Das Objekt wirkt als Gedächtnisanker. Es prägt sich ein.

Wichtig ist, dass Sie als Trainer dieses Lebendigwerden des Objekts ebenso ernsthaft wie spielerisch und kreativ einfädeln. Wenn ein Teilnehmer fragen sollte »Was soll das?« ist eine gute Antwort: »Nutzen Sie einfach die Chance, einmal einen Gegenstand reden zu lassen.« Risiken gibt es nach meiner Erfahrung keine. Allerdings kann es Teilnehmer geben, die etwas Anlaufzeit brauchen. Musik dazu ist gut.

Varianten:

- Sie als Trainer können eine Sammlung von Objekten mitbringen und auf dem Tisch oder Fußboden ausbreiten. Ein dunkles Samttuch als Unterlage verleiht ihnen Würde.
- Oder: Bei der Vorstellungsrunde lässt jeder Teilnehmer einen Gegenstand, den er bei sich hat, über sich erzählen, zum Beispiel die Armbanduhr, die Schuhe, die Brille. Man kann die Teilnehmer auch bitten, einen Gegenstand aus ihrer Geldbörse oder Handtasche auszuwählen und berichten zu lassen (Kreditkarte, Schokoriegel, Parfum, Fitness-Center-Ausweis).
- Besonders gut eignet sich der Schlüsselbund, um sich vorzustellen. Man zeigt die einzelnen Schlüssel und erzählt etwas dazu (zum Büro und Arbeitsleben, zum Auto und Ferien oder Hobby, zur Wohnung und Familie, zum Briefkasten und Freunden).
- Jedem Teilnehmer wird ein anderer Teilnehmer zugelost (zum Beispiel Namenskarten ziehen). Dann sucht man ein Objekt, über das man dem anderen mitteilen kann, wie man ihn wahrnimmt. Anschließend treffen sich die Paare, überreichen die Objekte und kommentieren die Wahl. Bei kleineren Gruppen kann man das auch im Plenum durchführen.
- Eine Variante des »Über-die-Bande-Sprechens« ist die Bildkartei. Hier wählen die Teilnehmer nicht aus Gegenständen, sondern aus einem Satz von Bildern. Die Bilder werden auf dem Boden oder auf einem Tisch ausgelegt, um den die Teilnehmer herum gehen können, ähnlich wie bei einem Wühltisch im Kaufhaus. Alle Bilder müssen gut sichtbar sein.

Für Ihre Bildkartei können Sie sich eine Sammlung von Postkarten anlegen, von Kalenderbildern, von Bildern aus Illustrierten, aus Bildbänden, aus digitalen Bildarchiven auf CD oder im Internet. Kleben Sie die Bilder auf Karton und laminieren Sie diese. Damit halten sie viele Seminare aus. Achten Sie darauf, dass es »zeitlose« und deutungsoffene Bilder sind. Große Bilder (ab DIN-A4) sind besser als kleine (deshalb sind Postkarten eigentlich nur zweite Wahl), Fotografien sind besser als Zeichnungen, Neues besser als Bekanntes, Unauffälliges besser als Sensationelles. Prominentes, Bekanntes, Modisches, Schockierendes ist ebenso ungeeignet für diese Methode wie Karikaturen, Tourismusbilder oder Porträts.

Meine Bildkartei besteht aus mehr als 300 Bildtafeln, die ich vor vielen Jahren erworben habe. Es sind nur Schwarz-Weiß-Fotos. Zum Beispiel: ein Reifenstapel, eine Tür mit dem Schild »bitte anklopfen«, eine Steinmauer mit einer Lücke, eine große Treppe zu einer italienischen Kirche, ein Feldweg mit einem einsamen Radler, ein überquellender Papierkorb, eine Seglerin in Nahaufnahme bei einer Wende, eine Studentin vor einem Stapel Bücher und Papier, Strommasten und ein Gewirr von Stromleitungen, Würstchen auf einem Holzkohlengrill, wartende Passagiere in einem Bahnhof. Es ist frappierend zu sehen, wie die Bilder zu ganz unterschiedlichen Aussagen anregen.

Wie die Gegenstände können Sie auch die Bilder in allen möglichen Situationen einsetzen.

- Kennenlernen (»Suchen Sie ein Bild, das etwas mit Ihrer Person zu tun hat«)
- Seminarfeedback (»Ein Bild, das ausdrückt, wie Sie diesen Tag/dieses Seminar erlebt haben«)
- Persönliches Feedback (»Ein Bild, das etwas enthält, das Sie Frau X mitteilen möchten«)
- Konfliktklärung (»Ein Bild, das für Sie etwas mit der Situation zu tun hat, in der wir gerade stecken«)
- Blitzlicht (»Suchen Sie ein Bild, das ausdrückt, was Sie im Augenblick ...«)
- Einstieg zum Thema (»Welches Bild hat für Sie etwas mit unserem Thema X zu tun?«)
- Kreative Lösungen suchen: Legen Sie die Blätter mit dem Bild nach unten aus. Je eine Zweier- oder Dreiergruppe zieht eines auf gut Glück und lässt sich dann vom Bild zu Anregungen für Lösungen inspirieren.

Es fallen Ihnen sicher noch mehr Einsatzmöglichkeiten ein. Wichtig für die Arbeit mit der Bildkartei sind zwei Regeln:

- Es sollten mindestens doppelt so viele Bilder wie Teilnehmer ausliegen.
- Erst wenn jeder sich für »sein« Bild entschieden hat, darf man ein Bild in die Hand nehmen und sich wieder auf seinen Platz setzen. Wenn ein Bild schon von einem Kollegen genommen wurde, setzt man sich ohne Bild hin und erhält das Bild, nachdem dieser seinen Kommentar abgegeben hat.

Wer hat das Mikrofon?

Zeitbedarf: Unterschiedlich, je nach Dauer des Gesprächs oder der Diskussion in der Gruppe.

Material: Verschiedene Objekte als Mikrofonsymbol.

Situation: Gesprächsrunden und Diskussionen aller Art.

Kurzbeschreibung: Reden darf nur, wer das »Mikrofon« in der Hand hält.

Beschreibung: Bei Gesprächsrunden ist der Kommunikationsfluss oft gestört. Erst recht, wenn es um Themen geht, bei denen Gefühle und Werte ins Spiel kommen. Im Training arrangiert man aber gerade dann eine Gesprächsrunde, zum Beispiel bei Konflikten und Meinungsverschiedenheiten.

Die Störungen zeigen sich typischerweise so: Manche Teilnehmer bestreiten den Löwenanteil der Diskussion. Andere sagen gar nichts. Man unterbricht sich. Es geht durcheinander. Der Gesprächsleiter muss sich immer wieder einmischen und Disziplin einfordern. Das kostet Energie. Mahnen macht keinen Spaß.

Der Trick, um all diese Probleme abzustellen, ist simpel, aber wirksam: Ein Objekt wird als Mikrofon definiert. Wer das Mikrofon in der Hand hält, darf reden. Sonst niemand. Wenn der Sprecher fertig ist, gibt er das »Mikrofon« an jemanden weiter, den er bestimmt.

Welchen Gegenstand man als Mikrofonersatz auswählt, bleibt der Fantasie überlassen. Beispielsweise können Sie einsetzen: ein dicker Eddingstift, Palaverstab (irgendein Holz mit Dekoration), alle Arten von kleineren Bällen (Softball, Tischtennisball, Luftballon), eine Blume, ein Apfel, eine Schokoladentafel. Jedes dieser Objekte hat seinen Vorteil. Der Eddingstift ähnelt am ehesten einem Mikrofon. Der Palaverstab erinnert an den Kriegsrat der Indianer im Wigwam. Bälle und Luftballon lassen sich leicht und gefahrlos zuwerfen. Man kann sie auch mit einem passenden Symbol bemalen. Die Blume signalisiert Freundlichkeit und Positives. Der Apfel ist schön bunt und nahrhaft. Die Schokoladentafel wird zum Schluss gemeinsam rituell verzehrt. Das versöhnt.

Der Mikrofonersatz ist übrigens nicht so zu verstehen, dass man da hineinreden sollte. Der Zweck besteht darin, dass man das Objekt einfach so lange in die Hand nimmt, wie man redet, und es dann weiterreicht. Wichtig ist, den Teilnehmern klar zu sagen, dass es hier kein automatisches Weiterreichen an den Sitznachbarn gibt, wie etwa bei Blitzlichtrunden. Es soll die bewusste Entscheidung jedes einzelnen Teilnehmers sein, an wen er das »Mikrofon« übergibt.

Chancen und Gefahren: Die Erfahrung zeigt, dass der Trick mit dem Mikrofonsymbol immer wirkt. Jetzt kann jeder Einzelne reden ohne unterbrochen zu werden. Außerdem erhöht diese Methode die Aufmerksamkeit unter den Anwesenden. Man ist aufmerksam, weil man nicht weiß, ob das Mikro gleich bei einem selbst landet. Und irgendwie sorgen die Teilnehmer immer dafür, dass jeder einmal das Mikro bekommt.

Gefahren sind mir nicht bekannt. Sie müssen allerdings damit rechnen, dass sich die üblichen Vielredner und Platzhirsche ärgern, weil man ihren Einfluss beschneidet. Es kommt eben nicht jeder zu Wort, der gerade zu Wort kommen will. Aber das ist ohne Mikrofon ebenfalls der Fall.

Varianten: Man kann Zusatzregeln einführen, die jeweils Vor- und Nachteile haben:

- Wer das Mikrofon erhält, aber nichts sagen möchte, kann passen und selber das Mikro wieder vergeben.
- Wer das Mikrofon erhält, darf maximal zwei Minuten reden. Der Gesprächsleiter spielt den Zeitwächter und zeigt nach zwei Minuten eine rote Pinnwandkarte.
- Jemand darf erst dann das Mikro wieder bekommen, wenn alle anderen dran waren. Auch darauf achtet der Gesprächsleiter.
- Wenn man mit vielen Argumenten und Meinungen rechnet und die Gruppe groß ist, empfiehlt es sich, vorher eine Kartenabfrage durchzuführen. Die Pinnwand steht danach für alle sichtbar im Raum, während die Gesprächsrunde mit dem Mikrofon abläuft. Die Abfrage kann auch nach vorgegebenen Kategorien auf der Pinnwand erfolgen (zum Beispiel »Das stört mich«, »Das gefällt mir«, »Das hätte ich gerne«). Die Teilnehmer heften ihre Karten dann selbst in eine Kategorie.
- Sie können das »Mikrofon« zum Abfragen am Ende einer Lerneinheit benutzen. Geben Sie jedem Teilnehmer ein paar Minuten Zeit, um sich gute Fragen zum Thema auszudenken. Dann beginnen Sie die Runde, indem Sie das Mikro einem Teilnehmer unter die Nase halten und eine Frage stellen. Weiß dieser die Antwort, erhält er das Mikrofon und interviewt damit einen anderen Teilnehmer usw. Wenn die Antwort nicht stimmt, sind Zurufe erlaubt. Wer dann zuerst korrekt antwortet, erhält das »Mikrofon« und darf einen anderen Teilnehmer befragen. So wandert das Mikro herum, bis alle mindestens einmal an der Reihe waren. Sie können die Übung auch mit einem Softball machen, den man sich mit einer Frage zuwirft.

So geht es auch ohne Mikrofon

Wie gehen Sie als Trainer mit einem Vielredner in der Gruppe um? Sie fühlen sich für die Einbindung aller Teilnehmer in das Gruppengeschehen verantwortlich, aber es gibt jemanden, der nicht nur jeden möglichen Redebeitrag an sich zieht, sondern auch noch mit zahlreichen eigenen Beispielen von Hinz und Kunz aus seiner Firma den Prozess erheblich stört? So manch einer wird hier freundlich, aber bestimmt auf die Gleichverteilung der Redezeit hinweisen oder aktiv versuchen, die anderen Teilnehmer einzubeziehen und den Vielredner durch Nichtbeachtung auszubremsen.
Irvin Yalom, Autor des Buches »Theorie und Praxis der Gruppenpsychotherapie« (2003) hält von diesen Strategien gar nichts. Er geht anders vor. Ausgangspunkt für ihn ist, dass ein Alleinunterhalter nicht in einem Vakuum existieren kann, dass also die Gruppe das ihrige dazu beiträgt.
Yalom schlägt vor, die Gruppe zu fragen, warum sie es dem Vielredner eigentlich zumutet, die Last der Seminarteilnahme (eigene Erfahrungen und eigenes Wissen einbringen, Transfer in die Praxis leisten, kritisieren usw.) alleine zu tragen! Yalom: »Eine solche Frage mag die Gruppe überraschen, die sich nur als Opfer des Vielredners gesehen hat. Nachdem die Anfangsproteste durchgearbeitet worden sind, können die Gruppenmitglieder mit Gewinn untersuchen, wie sie den Alleinredner ausgenützt haben.« Mit diesem Kunstgriff setzt er eine produktive Diskussion zum Thema in Gang. Besonders wichtig: im Unterschied zu den Ausbremsmethoden frustriert man den aktiven Vielredner nicht. Den Teilnehmern wird bewusst, dass sie keineswegs nur leiden, wenn ein Teilnehmer alles dominiert, sondern auch einen heimlichen Gewinn davon haben.
Sobald später der Vielredner wieder seinem Namen Ehre machen will, wenden Sie sich als Trainer wieder an die Gruppe und bedauern den armen Kerl, der die Last doch nicht alleine tragen sollte.

Typisch wir!

Zeitbedarf: Ungefähr 60 Minuten.

Material: Pinnwandkarten, Pinnwand.

Situation: Bestandsaufnahme des Gruppenprozesses.

Kurzbeschreibung: Die Teilnehmer suchen eine Metapher, die zu ihrer Gruppe am besten passt.

Beschreibung: Die Teilnehmer sollen eine perfekte Metapher für die gesamte Gruppe finden. Beispiel: »Wasserfall, weil alles in Bewegung ist, viel Lärm herrscht, aber die Richtung nur nach unten geht.«

Metapher (fem.)

Verwendung eines oder mehrerer Wörter nicht in eigentlicher, sondern übertragener Bedeutung; das eigentlich gemeinte Wort wird durch ein anderes aus einem anderen Vorstellungsbereich ersetzt, wobei beiden eine sachliche oder gedankliche Ähnlichkeit beziehungsweise Bildstruktur gemeinsam ist. Die Übertragung erfolgt von einem Lebewesen auf ein anderes (Bsp.: »Rabenvater«), vom Leblosen auf Lebloses (Bsp.: »Flussbett«), vom Belebten auf Lebloses und umgekehrt (Bsp.: »Holzkopf«), vom Konkreten auf Geistiges (Bsp.: »glühende Liebe«) und umgekehrt. In ihrer einfachsten Form kann die Metapher als verkürzter Vergleich, d.h. als Vergleich ohne Vergleichspartikel, verstanden werden (Bsp.: »das Gold ihrer Haare« = ihr Haar ist wie Gold), das beiden Bereichen Gemeinsame (Tertium comparationis) ist zumeist eindeutig zu bestimmen (im Bsp. ist die goldene Farbe Haaren wie Gold gemeinsam).
Die so genannte absolute Metapher kommt ohne Tertium comperationis und konkrete Anschauung beziehungsweise Anschaulichkeit aus, sie wirkt dunkel und vieldeutig (Bsp.: »herzschriftgekrümelte Sichtinsel«, Paul Celan), weswegen sie besonders im Manierismus, Surrealismus und in der modernen hermetischen Lyrik häufig verwendet wird.
Anders als die konventionelle oder verblasste Metapher (Bsp.: »Tischbein«) kann die dichterische Metapher als sprachliches Bild die (lyrische) Rede verzieren und erhöhen, v.a. aber zeigt, beschwört oder stiftet sie (Sinn-) Zusammenhänge hinter den Dingen oder aber die Widersprüche in diesen.

(www.literaturnetz.com)

Die Suche nach der besten Metapher erfolgt in Stufen: Zuerst erarbeiten Zweiergruppen ihre Lieblingsmetapher, dann finden sich je zwei Zweiergruppen zusammen und einigen sich auf die beste Metapher. Im dritten Durchgang verdoppeln sich die Gruppen wieder und einigen sich auf eine Metapher. Zuletzt wählt das Plenum die endgültige Metapher.

Alle Metaphern werden auf Pinnwandkarten geschrieben und an die Pinnwand geheftet: Die Metaphern der ersten Runde nebeneinander in die unterste Reihe, darüber die »Sieger« der zweiten Runde (Karte noch mal schreiben).

Ich würde die Auswertung als kurzes Blitzlicht organisieren: Jeder sagt reihum, was ihm bei dieser Übung über die Gruppe klar geworden ist. Achten Sie darauf, wie oft statische und wie oft dynamische Metaphern gewählt wurden.

Chancen und Gefahren: Es kann albern werden (das genannte Beispiel ist gerade so auf der Kippe). Nun ist eine Metapher mit humoriger Note keineswegs zu verdammen. Vor allem wenn sie Kritisches aussagt und der Humor alles leichter verdaulich macht. Wichtig ist, dass die Teilnehmer die Aufgabe ernst nehmen, also einen Sinn sehen. Deshalb sollten Sie mit der Aufgabenstellung deutlich machen, wo der Gewinn für die Gruppe liegen wird: »Im Suchen nach der besten Metapher erfahren wir viel darüber, wie jeder von uns die Gruppe wahrnimmt und erlebt. Das kann uns weiterbringen.«

Ein Vorteil dieser Methode ist ja, dass man über Dinge spricht, die sonst verborgen bleiben. Die Metapher macht das Ansprechen heikler Themen leichter.

Zur Vorbereitung empfehle ich Ihnen einen kurzen Input zur Rolle von Metaphern und Symbolen in Organisationen (Literaturtipp: Gareth Morgan »Images of Organization«, Sage Publications 1997). Zeigen Sie, dass Metaphern in vielen Organisationen unbewusst benutzt werden: »Wir sind eine Familie« oder »Bei uns funktioniert die Auftragsabwicklung wie ein Uhrwerk«. Zeigen Sie Chancen und Gefahren der jeweiligen Metapher. Zum Beispiel, welche Aspekte in den Vordergrund gerückt werden, welche ganz fehlen. So vorbereitet ist die Gefahr gering, dass die Übung zu leicht genommen wird.

Wandernde Fragen

Zeitbedarf: Ungefähr 30 Minuten.

Material: DIN-A4-Papier, Stifte.

Situation: Kommunikation innerhalb der Gruppe (Entscheidungsprozesse, Feedback, Wissensfragen).

Kurzbeschreibung: Jeder Teilnehmer schreibt eine Frage auf ein Blatt und erhält es mit Antworten der anderen wieder zurück.

Beschreibung: Zu einem Thema oder Anliegen kann jeder eine Frage an die anderen stellen. Dazu schreibt er die Frage als Überschrift auf ein Blatt Papier. Im Uhrzeigersinn werden die Fragen anschließend weiter gereicht. Jeder kann dann seine Antwort auf das entsprechende Papier schreiben. Ob die Antwortgeber jeweils ihren Namen hinzufügen, spricht die Gruppe vorher ab. Wenn das Blatt zum Autor der Frage zurück kommt, ist also eine Liste von Antworten dazu gekommen. Jeder kann nun Rückfragen stellen, wenn er eine Antwort nicht versteht.

Die Teilnehmer sollen danach selbst entscheiden, ob sie eine Auswertung haben wollen und wie diese auszusehen hat. Meistens wird gewünscht, dass jeder die Antworten zu seiner Frage vorliest. Die folgenden Beispiele sollen Ihnen die Zielrichtung verdeutlichen.

- Fragen zum Thema »Entscheidungsfindung« könnten sein: »Sollen wir die Entscheidung nicht verschieben?« oder »Was haltet Ihr davon, wenn wir ...?« oder »Was tun wir, wenn ...?«
- Fragen zum Thema »Feedback«: »Gehe ich euch auf den Wecker?«, »Warum komme ich nie zu Wort?« oder »Stört es euch, dass ich immer so früh ins Bett gehe?«
- Fragen zum Thema »Wissen«: »Ich weiß immer noch nicht, was der Unterschied ist zwischen ...« oder »Wie kann ich mir bloß merken, dass ...?« oder »Was versteht Ihr unter ...?« oder »Wer kann mir erklären, warum ...?«

Der besondere Tipp: Bevor die Frageblätter weiter gereicht werden, sollte jeder zuerst seine Frage vorlesen. Es kann sich nämlich herausstellen, dass eine Frage von mehreren Teilnehmern notiert wurde. Wenn das der Fall ist, setzen sich die Betreffenden kurz zusammen und einigen sich auf unterschiedliche Fragen.

Chancen und Gefahren: Diese schriftliche Methode ist weit effektiver als eine mündliche Fragerunde:

- Schriftlich arbeiten die Teilnehmer gleichzeitig an vielen Fragen, man spart also Zeit.
- Der Fragesteller sieht alle Antworten auf einen Blick.
- Man kann die Dokumente später an eine Pinnwand heften oder auf Flipchartbogen kleben und an die Wand hängen.

Mini-Mysteries

Zeitbedarf: 15–20 Minuten.

Material: Rätselgeschichten.

Situation: Kick, Kommunikationstraining.

Kurzbeschreibung: Man versucht, eine rätselhafte Geschichte zu verstehen.

Beschreibung: Die Teilnehmer hören eine kurze rätselhafte Erzählung. Sie sollen durch Fragen die Geschichte aufklären. Es sind nur Fragen gestattet, auf die es drei Antworten gibt: »ja«, »nein« oder »weiter fragen«.
Eine Auswahl:

- »Romeo kommt ins Zimmer und greift sich Julia. Er tötet sie genüsslich.«
  Lösung: Romeo ist ein Kater, der sich den Zierfisch Julia aus dem Aquarium fängt und mit Genuss frisst.
- »Hans und Herta liegen nackt und tot zwischen Glassplittern auf dem nassen Teppich. Das Fenster steht offen.«
  Lösung: Beide sind Fische. Das Aquarium ist ausgelaufen, weil eine Bö das Fenster gegen das Aquarium geknallt hat.
- »Im Wald liegt ein toter Mann mit Taucherbrille.«
  Lösung: Ein Löschflugzeug hat beim Wassertanken im Meer einen Taucher mit erfasst und über dem Waldbrand abgeworfen.
- »Ein Mann wählt eine Telefonnummer. Als sich der Angerufene meldet, legt er beruhigt auf.«
  Lösung: Im Nachbarzimmer eines Hotelgastes ist das Schnarchen unerträglich. Mit dem Anruf weckt er den Schnarcher.
- »Ein Mann erhält ein Paket. Darin befindet sich ein menschlicher Arm. Der Mann freut sich.«
  Lösung: Nach einem Schiffbruch konnte er sich mit einem anderen Passagier in ein kleines Boot retten. Um nicht zu verhungern, wurde ausgeknobelt, wer als erster einen Körperteil stiften muss. So verlor der Paketempfänger seinen Arm, bevor beide gerettet wurden. Der Arm im Paket ist das Einlösen eines Versprechens.
- »Ein Bauer war gerade auf seinem Feld, als ein Pferd auf ihn zukam. Sekunden später war er spurlos verschwunden. Wie ist das möglich?
  Lösung: Beim Schach schlägt Pferd einen Bauern.

- »Ein Bahnpassagier erschießt sich im Tunnel. Wäre er im Raucherabteil gefahren, würde er noch leben.«
  Lösung: Der Mann war blind und befand sich auf der Heimfahrt von einer erfolgreichen Augenoperation. Er schlief ein und erwachte, als der Zug durch einen Tunnel fuhr. Das Licht war ausgefallen. Also dachte er, er sei wieder erblindet. In einem Raucherabteil hätte er die Zigaretten glühen gesehen.
- »Ein Mann wohnt in einem Hochhaus im 78sten Stock. Immer wenn er heimkommt, steigt er schon im 58sten Stock aus und geht den Rest zu Fuß.«
  Lösung: Er ist kleinwüchsig und erreicht nicht den Knopf zum 78sten Stockwerk.

Chancen und Gefahren: Das Besondere an diesen Geschichten ist ihre Absurdität. Sie sind schamlos konstruiert. Aber die Teilnehmer verzeihen das, weil es die Raterei so schön verlängert.

Sie könnten das Raten zum Anlass nehmen, um über Fragetechniken, vorschnelle Festlegungen und aufmerksames Zuhören zu reflektieren. Aber diese Geschichten sind meiner Meinung nach zu schön kurios, um für pädagogische Zwecke eingespannt zu werden.

Telefonbefragung

Zeitbedarf: Pro Teilnehmer ungefähr 3–5 Minuten.

Material: Stühle, große Stifte als Telefone.

Situation: Feedback.

Kurzbeschreibung: Ein Teilnehmer kann den anderen drei Fragen zu seiner Person stellen.

Beschreibung: Nach einiger Zeit des Zusammenlebens im Seminar wächst die Neugier der Teilnehmer, zu erfahren, wie sie von den anderen wahrgenommen werden. Die Chancen sind jetzt gut, weil mit der Zeit ein Klima der Offenheit entstanden ist. Die Blitzbefragung erfolgt am besten im Stuhlkreis. Lassen Sie einen Stuhl vorne in der Mitte leer.

Leiten Sie die Übung etwa so ein: »Sie haben sicher schon erlebt, dass abends das Telefon klingelt und sich ein freundlicher Mensch meldet, der Sie bittet, an einer kurzen Befragung teilzunehmen. Vielleicht ist es Ihre Autofirma, die sich erkundigt, wie Sie mit dem Fahrzeug zufrieden sind. Oder es ist ein Internetanbieter, der wissen möchte, welche Dienste Sie nutzen. Wir machen jetzt eine Runde nach dem gleichen Muster. Wer von den anderen etwas über sich wissen möchte, muss sich nur auf den freien Stuhl setzen. Dann kann er drei Personen »anrufen« und Ihnen jeweils eine Frage über sich stellen. Ob die Angerufenen antworten, liegt ganz bei ihnen. Wenn Sie auf eine Frage keine Antwort bekommen, dürfen Sie noch bis zu zwei andere Teilnehmer dazu anrufen. Insgesamt dürfen Sie aber maximal drei Fragen loswerden. Wer möchte anfangen?«

Wenn sich ein Teilnehmer entschließt, setzt er sich auf den freien Stuhl und benutzt seinen Stift als Handy. Er wählt also eine Nummer und sagt dann: »Guten Abend Frau …« (Name der Teilnehmerin, die er fragen möchte). Die Angerufene nimmt ebenfalls ihren Stift als Telefon und gibt die Antwort. Der Anrufer erspart sich jede Einleitung, stellt einfach seine Frage. Jeder Angerufene kann antworten, abwimmeln, Nein sagen, ganz wie ihm beliebt.

Chancen und Gefahren: Die Telefonumfrage hat einige Vorteile gegenüber anderen Methoden, Feedback einzuholen:

- Der Fragende bestimmt, was er von wem wissen möchte. Der Befragte kann entscheiden, wie er mit der Frage umgeht.
- Das bekannte Szenario »Telefonumfrage« passt gut, weil es hier wie dort darum geht, zu fragen, um besser zu werden.
- Das Telefonieren schafft etwas Distanz. Das macht es beiden, Frager und Befragten, leichter, ehrlich zu sein.

Varianten: Die Distanz beim Telefonieren können Sie noch vergrößern: Zum einen indem die anderen Teilnehmer so sitzen, dass sie dem Fragenden den Rücken zuwenden. Zum anderen können Sie den Fragenden hinter eine Pinnwand plazieren.

Eier kochen

Zeitbedarf: 5 Minuten.

Material: 3 Stühle.

Situation: Ein Teilnehmer erhält von anderen Teilnehmern ein Feedback, zum Beispiel nach einem Rollenspiel.

Kurzbeschreibung: Der Teilnehmer entscheidet sich zuerst, ob er das Feedback schonend oder unverblümt hören will. Dazu wählt er unter drei Stühlen einen aus, von dem aus er sich das Feedback anhört.

Beschreibung: Vor den Feedbackgebern stehen drei Stühle nebeneinander. Auf der Rückenlehne oder auf dem Fußboden vor jedem Stuhl befindet sich eine beschriftete Pinnwandkarte (gefaltet wie bei den Namenskarten, die man vor sich auf den Tisch stellt). Die Aufschriften lauten wie auf einem Eierkocher »hart«, »mittel«, »weich«. Vor dem Feedback wählt der Teilnehmer den Stuhl mit der Beschriftung aus, die ihm zusagt. Entscheidet er sich zum Beispiel für den Stuhl »weich«, dann wissen die Feedbackgeber, dass der Empfänger ein schonendes Feedback haben möchte. »Hart« bedeutet: kein Blatt vor den Mund nehmen.

Chancen und Gefahren: Diese Methode hat psychologisch zwei positive Wirkungen.

- Zum einen trifft der Feedbacknehmer eine bewusste Entscheidung, wie er das Feedback haben möchte. So wird deutlich, dass auch Feedback nehmen eine Aktivität ist.
- Zum anderen klärt die Entscheidung für einen Stuhl die Situation für die Feedbackgeber. Wird »hart« gewählt, können sie frei von der Leber weg reden, denn der Teilnehmer wollte es ja so.

Wichtig ist, den Feedbackgebern zu sagen, dass sie auch bei »weich« oder »mittel« alles äußern sollen, was es als Feedback zu sagen gibt. Lediglich die Verpackung ist anders.

Dass sich ein Teilnehmer auf den Stuhl »weich« setzt, habe ich übrigens noch nie erlebt. Deshalb verwende ich diese Methode besonders dann, wenn eine Gruppe sich bei den Feedbacks zu sehr schont. Dies ist

> An die Weichkocher
>
> »If you can stand the heat, stay out of the kitchen.«

meistens bei den ersten Feedbacks der Fall. Jeder Feedbacknehmer, der »hart« wählt, trägt dazu bei, dass in der Gruppe Ehrlichkeit und Offenheit selbstverständlich werden.

Variante: Nachdem der Teilnehmer seine Wahl getroffen hat, sagt er einen Satz dazu.

Wie Informatiker Eier kochen

Fall 1: Die Eier sind im Keller
Hole die Eier aus dem Keller
Setze einen Topf mit Wasser auf den Herd
Lege die Eier in den Topf
Schalte den Herd ein

Fall 2: Die Eier sind im Kühlschrank
Trage die Eier in den Keller und verfahre wie in Fall 1

Aasgeier und Trüffelschwein

Zeitbedarf: 5 Minuten.

Material: Zwei Pappkreise, einer mit einem Schweinskopf, der andere mit einem Geierkopf, jeweils an einer dicken Kordel befestigt, um die Pappbilder um den Hals hängen zu können.

Situation: Immer wenn es etwas zu bewerten gilt (Gruppenarbeiten, Rollenspiele, Seminartag).

Kurzbeschreibung: Der Aasgeier ist darauf spezialisiert herauszufinden, was »faul« an einer Sache ist. Das Trüffelschwein findet nur Gutes.

> Wer sich über Kritik ärgert, gibt zu, dass sie verdient war.
>
> Tacitus

Beschreibung: Wenn es um Bewertungen geht, neigen Teilnehmer dazu, sich und andere mit Samthandschuhen anzufassen. Das gilt besonders in Anfangssituationen oder wenn eine Gruppe nur wenige Tage miteinander arbeiten konnte und noch nicht die Offenheit erreicht hat, die reife Gruppen kennzeichnet. Man hält sich mit Kritik zurück, weil man fürchtet, sich andere zu Feinden zu machen und das harmonische Miteinander zu stören. Tatsächlich sind manche Teilnehmer auch leicht zu vergrämen oder zu kränken, besonders wenn sie sich in der Gruppe noch nicht sicher fühlen. Sie als Trainer sind in der Zwickmühle. Einerseits wollen Sie keine Lobhudelei bei Leistungen, die nicht optimal sind. Andererseits spüren Sie das Risiko, dass Sie die Missbilligung der Gruppe treffen könnte, wenn Sie selber kein Blatt vor den Mund nehmen. Hier ist die Methode »Aasgeier und Trüffelschwein« ein gutes Mittel, um die Teilnehmer zu mehr Offenheit bei ihren Bewertungen zu bringen. So werden Auswertungen effektiv.

Die Methode ist ganz einfach anzuwenden. Vor einer Auswertungsphase im Seminar (beispielsweise beim Rollenspiel, als Tagesabschluss oder als Ergebnisse von Teamarbeiten) zeigen Sie der Gruppe die beiden Plaketten und erklären, was Aasgeier und Trüffelschwein zu tun haben. Stellen Sie heraus, wie nützlich diese beiden Rollen für die Arbeit im Seminar sind.

Die Entscheidung, wer nun Aasgeier und Trüffelschwein spielt, sollten Sie nicht zu einer großen Sache machen. Also nicht: »Frau Kamps, darf ich Ihnen zumuten, den Aasgeier zu spielen?« Bitte auch nicht auslosen nach dem Motto: Wer das Los zieht, muss als erster aus dem Flugzeug springen. Bestimmen Sie einfach zwei Teilnehmer. Nehmen Sie für das erste Mal aber nicht Teilnehmer, die diese Rollen im Seminar ganz offensichtlich schon ausfüllen. Also nicht den Aasgeier für den Nörgler oder das Trüffelschwein für den Lieblingsteilnehmer (auch nicht umgekehrt als »heilende Übung«).

Sagen Sie, dass das nächste Mal andere drankommen. Bringen Sie die Teilnehmer zum Lachen, wenigstens zum Schmunzeln. Das feierliche Umhängen der Plaketten und die lustigen Porträts der beiden Tiere tragen dazu bei. Helfen Sie den beiden in ihre Rolle. Sagen Sie dem Aasgeier: »Ihre Augen sind genauso scharf wie Ihr Schnabel.« Zum Trüffelschwein: »Sie lieben Trüffel! Sie erschnüffeln jeden.«

Wann sollen die beiden an die Reihe kommen? Bevor die anderen Teilnehmer ihre Bewertungen abgegeben haben oder danach? Beide Varianten sind möglich. Die erste gibt den anderen Teilnehmern gleich zu Beginn die Bandbreite vom Positiven bis zum Kritischen vor. Bei der zweiten haben die beiden Akteure Zeit, sich die anderen Bewertungen in Ruhe anzuhören und haben dann das letzte Wort.

Chancen und Gefahren: Der psychologische Trick bei dieser Methode ist, dass die unangenehme Rolle des präzisen Kritikers zugeteilt wird. Das entlastet den betreffenden Teilnehmer. Er muss ja den Aasgeier spielen. Außerdem bringt die Drastik der Rolle, unterstützt durch ein entsprechendes Porträt des ekligen Vogels, einen guten Schuss Humor ins Spiel. Man kann dem armen Aasgeier-Akteur einfach nicht böse sein. Ich habe die Erfahrung gemacht, dass manche Teilnehmer den Aasgeier unter diesen schützenden Bedingungen von Herzen gern spielen. Er ist auch der viel interessantere Part im Duo mit dem Trüffelschwein.

Was ist zu tun, wenn Sie finden, dass der Aasgeier einen schlechten Job macht? Wenn Sie beide Augen zudrücken, wird der nächste Aasgeier vielleicht vorsichtiger sein. Dann hat die Methode ihren Zweck verfehlt. Wenn Sie aber den Aasgeier kritisieren, wird sich keiner mehr über diese Rolle freuen. Aus der Zwickmühle kommen Sie heraus, wenn Sie ganz selbstverständlich die Kritik ergänzen. Wenn Sie sich dazu die Aasgeierplakette umhängen, wird noch augenfälliger, dass Sie jetzt den Job übernommen haben. Es bleibt dann dem Akteur selbst überlassen, ob er von Ihnen lernt. Es könnte ja sein, dass er kritisch sein wollte, aber manche Punkte nicht gesehen hat.

> Die meisten Menschen wollen lieber durch Lob ruiniert als durch Kritik gerettet werden.
>
> Mark Twain

Varianten: Mit etwas Fantasie lassen sich ebenso Plaketten für andere Situationen entwickeln. Vielleicht regt Sie die Liste der Jobs bei der Methode »Jobkarten« an.

Ideengeber: Aasgeier und Trüffelschwein habe ich zum ersten Mal kennengelernt in »Das große Workshop-Buch« von Lipp und Will (2008).

Batterie aufladen

Zeitbedarf: 5–10 Minuten.

Material: Keines.

Situation: Teilnehmer sind gestresst, es gab eine schwierige Situation, die Stimmung ist schlecht.

Kurzbeschreibung: Die Teilnehmer erinnern sich an ein schönes Erlebnis.

Beschreibung: Die Teilnehmer nehmen eine entspannte Haltung ein und schließen die Augen.

Sagen Sie beispielsweise: »Unsere Batterien sind ziemlich verbraucht. Laden wir sie auf. Konzentrieren Sie sich zuerst auf das Ein- und Ausatmen. Erleben Sie, wie die Luft einzieht und Ihre Lungen füllt. Achten Sie darauf, wie sie wieder ausströmt. Erinnern Sie sich jetzt an ein schönes Erlebnis, das Sie ganz glücklich gemacht hat. Heben Sie die Hand, wenn Sie eines gefunden haben. Ich warte, bis jeder so weit ist. Sehen Sie sich jetzt in dieser Situation wie in einem Film. Wie ist Ihre Körperhaltung, Ihre Kleidung? Was tun Sie? Was ist schön oder beglückend in dieser Situation? Sind noch andere Personen dabei? Was tun Sie? Was sagen Sie? Schauen Sie sich in der Umgebung dieser Situation um. Was entdecken Sie? Spüren Sie wieder das schöne Gefühl. Lassen Sie dieses Gefühl in Ihrem Körper ausbreiten, bis in die Finger- und Fußspitzen.«

Wie bei allen Fantasiereisen ist leise ruhige Musik genau richtig. – Nach einiger Zeit folgt die Lösungsphase:

»Verlassen Sie jetzt diese Situation wieder. Nehmen Sie das schöne Gefühl aber mit. Konzentrieren Sie sich wieder ganz auf Ihren Atem. (Nach einer Minute:) Öffnen Sie jetzt die Augen. Schütteln Sie Arme und Beine locker.«

Chancen und Gefahren: Diese einfache Methode kann Wunder wirken. Teilnehmer, die vorher angestrengt oder aggressiv waren, sind nun entspannt und zufrieden. Sie können anschließend mit den Teilnehmern Tipps sammeln, wie man aus einer schlechten Stimmung herauskommt. Zum Beispiel: Drei Dinge aufschreiben, die heute oder gestern passiert sind und für die man dankbar ist. Auch hier ist der psychologische Mechanismus der gleiche: man richtet die Aufmerksamkeit auf Positives.

Was fehlt?

Zeitbedarf: 5 Minuten.

Material: Geben Sie den Teilnehmern ein Blatt mit folgenden Lettern:

E	Z	D
V	F	S
S	?	?

Sie können den Text auch projizieren.

Situation: Kick zwischendurch, Denken, Knobeln.

Kurzbeschreibung: Die Teilnehmer ergänzen fehlende Buchstaben.

Beschreibung: Bilden Sie Zweier- oder Dreierteams. Jedes Team erhält ein Aufgabenblatt. Die Teilnehmer sollen herausfinden, welche beiden Buchstaben eingesetzt werden müssen.Welcher als erster richtig antwortet, ist Sieger.

Die richtige Lösung lautet »A« und »N«. Es handelt sich um die Anfangsbuchstaben der Zahlen »acht« und »neun«. Die vorherigen Zahlen von »eins« bis »sieben« sind bereits dargestellt.

Chancen und Gefahren: Die Übung ist gar nicht so leicht. Man bleibt im Bereich »Buchstaben« stecken und denkt nicht an Zahlen. Außerdem macht es die Anordnung schwer zu erkennen, dass es sich um eine Reihe von links nach rechts handelt. Manche Teilnehmer suchen eine Ordnung auch in den drei senkrechten Spalten.

Die Erfahrung mit dieser Übung lässt sich so auswerten: Manche Dinge erschließen sich erst, wenn man andere Bedeutungen als die gewohnten erfasst (hier: weg vom Alphabet).

Varianten: Eine ähnliche Blindheit macht folgende Übung schwer. Schreiben Sie das Wort RIEWOTZEW an. Aufgabe: Aus diesem Wort zwei Worte bilden. Die Lösung lautet »zwei Worte«. Die meisten versuchen, das Wort RIEWOTZEW aufzuteilen und kommen nicht auf die Idee, Buchstaben umzustellen.

Sommergewitter

Zeitbedarf: 5 Minuten.

Material: Keines.

Situation: Kick an heißen Sommertagen, wenn die Teilnehmer schlapp sind.

Kurzbeschreibung: Man spielt ein Gewitter mit Platzregen.

Beschreibung: Die Gruppe stellt sich im Kreis auf. Als Trainer reihen Sie sich ein und instruieren die Gruppe, dass gleich ein Gewitter akustisch nachgespielt wird. Dazu benutzt man die Hände (zuerst Reiben der Handflächen für Wind, dann Fingerschnipsen für die ersten schweren Regentropfen), die Oberschenkel (Trommeln mit den Händen auf den Oberschenkeln für Platzregen) und die Füße (Trampeln für Donner).

Zuerst wird geübt wie bei einem Chor. Als Trainer beginnen Sie mit dem Reiben der Handflächen. Im Uhrzeigersinn setzt der Teilnehmer links von Ihnen ein. So geht es weiter, bis alle reiben. Dann beginnen Sie das nächste Geräusch und schnalzen mit den Fingern. Das wird der Reihe nach wieder imitiert. (Die anderen setzen so lange das Händereiben fort!) Wenn das Rundumwandern des Geräusches zur Zufriedenheit klappt, brechen Sie die Probe ab und starten das Sommergewitter.

Sie liefern zur Begleitung eine anschauliche Reportage in folgenden Stufen:

- Ein heißer Sommerabend. Die Luft ist schwül. Eine dunkle Wolkenwand kommt immer näher. Plötzlich kommt Wind auf und bringt die Bäume zum Rauschen. (Händereiben)
- Schon fallen die ersten Regentropfen auf den staubigen Boden. (Fingerschnalzen)
- Da, der erste Blitz. Es donnert. (Mit den Füßen schnell auf dem Boden trampeln.)
- Jetzt gießt es wie aus Kübeln. (Die Hände trommeln auf den Oberschenkeln.)
- Noch einmal donnert es. (Füße trampeln)
- Der Regen prasselt. (Oberschenkeltrommeln)
- Schnell zieht das Gewitter weiter. Der Regen lässt nach. (Fingerschnalzen)
- Jetzt hört der Regen auf. (Das Fingerschnalzen klingt langsam aus.)
- Wir schütteln das Wasser ab und sind topfit. (Arme und Beine schütteln. Strahlen.)

Chancen und Gefahren: Diese Übung ist einer meiner Lieblingskicks. Sie ist relativ kurz, aber sie schafft lebendige Vorstellungsbilder und macht garantiert alle munter. Die Teilnehmer müssen sich nämlich konzentrieren und viel bewegen. Die Dramaturgie mit tobender Natur und friedlichem Happy End verfehlt nie die Wirkung.

Immer wieder erlebe ich begeisterte Teilnehmer, die diese Übung gerne als Anregung mitnehmen, um sie selbst einmal einzusetzen.

Lebender Katalog

Zeitbedarf: 10 Minuten.

Material: Keines.

Situation: Kick zwischendurch, Denksport.

Kurzbeschreibung: Man soll herausfinden, welches Gerät aus einem Versandhauskatalog gerade dargestellt wird.

Beschreibung: Sie teilen die Gruppe in Dreiergruppen ein.

Die Anleitung kann folgendermaßen lauten: »Suchen Sie sich aus einem Versandhauskatalog ein Gerät aus. Stellen Sie sich vor, wie das Gerät in Funktion ist. Stellen Sie es zu dritt als Pantomime dar.«

Bei dieser Übung kann man lachen, bis die Tränen fließen. Ich erinnere mich an eine Waschmaschine, bei der ein Teilnehmer den Kopf zwischen die Beine des anderen streckte und versuchte, damit die rotierende Trommel nachzuahmen. Dankbar ist auch der Toaster, aus dem nach einigem Glühen der Toast herausfliegt. Wichtig sind dazu die passenden Geräusche.

Nacheinander stellt jedes Dreierteam sein Gerät vor. Die anderen sollen erraten, um welches Gerät es sich handelt. Aber wichtiger als das Raten ist die umwerfende Komik mancher Aktionen.

Chancen und Gefahren: Die größte Chance besteht darin, dass es viel zu Lachen gibt und eine gute Stimmung entsteht, die sich auf den weiteren Seminarverlauf überträgt.

Sie müssen allerdings damit rechnen, dass ein Dreierteam etwas weniger Gelungenes vorführt. Aber auch das wirkt lustig, wenn die Lachstimmung einmal überhand genommen hat.

Varianten: Sie können natürlich auch Tiere darstellen lassen oder Sonstiges aus dem Alltag.

- »*Elefant*«: die beiden äußeren Spieler sind die wedelnden Ohren, der mittlere lässt einen Arm über den anderen quergestellten Arm als Rüssel hängen.
- »*Känguru*«: der mittlere hält einen Beutel, unter seinen Armen schauen links und rechts die äußeren Teilnehmer als Babys heraus und geben Laute von sich.

- »*Hund*«: die Mitte bellt, die beiden Teilnehmer außen heben abwechselnd das Bein.

Oder Sie geben freie Hand für alle möglichen Dinge aus dem Alltag. Besonders witzig sind Bagger, Drehtür, Pferdegespann mit Kutscher.

Innere Uhr

Zeitbedarf: 1 Minute.

Material: 2 Schnüre für Markierungen auf dem Fußboden.

Situation: Kick zwischendurch.

Kurzbeschreibung: Jeder Teilnehmer versucht, eine bestimmte Strecke in genau einer Minute zu durchqueren.

Beschreibung: Markieren Sie eine Start- und eine Ziellinie mit zwei Schnüren auf dem Fußboden. Die Strecke beträgt 10 – 15 Meter.

Die Teilnehmer stellen sich nebeneinander hinter der Startlinie auf. Wenn dazu der Platz nicht reicht, gibt es zwei oder drei Durchgänge.

Die Instruktion lautet: »*Jeder hat eine innere Uhr. Aber beim einen geht sie vor, beim anderen nach. Wollen Sie wissen, wie gut Ihre innere Uhr funktioniert? Dann versuchen Sie jetzt, Ihr Gehtempo so einzustellen, dass Sie exakt nach 60 Sekunden die Ziellinie überschreiten. Drei Dinge sind streng verboten. Erstens: auf die Uhr schauen, zweitens: stehen bleiben, drittens: die Ziellinie zu früh überschreiten. In allen drei Fällen scheiden Sie aus. Ich gebe das Startzeichen und sage nach genau einer Minute ›Stopp‹. Bleiben Sie dann wie eingefroren in Ihrer Bewegung stehen.*«

Nach dem Startzeichen setzen sich die Teilnehmer in Bewegung. Beim »Stopp« bleibt jeder stehen. Sieger ist, wer der Ziellinie am nächsten steht.

Chancen und Gefahren: Diese Übung eignet sich sehr gut für ein anschließendes Gespräch über die Erfahrungen:

- Wer war zu schnell? Wie erklären Sie sich das?
- Sind Sie auch in anderen Situationen zu schnell?
- Wie haben Sie auf das Tempo der anderen reagiert? Haben Sie sich beeinflussen lassen?
- Haben Sie versucht, auf Ihre innere Uhr zu hören?
- Oder sind Sie mit einer bestimmten Strategie vorgegangen?
- Gab es Versuche, zu schummeln? Die anderen aus dem Takt zu bringen?
- Wer war den anderen voraus? Wer war der Letzte?

Wie Sie sehen, kann diese simple Übung vielerlei ansprechen: In-Sich-Hinein-hören oder mit dem Verstand vorgehen, auf sich oder auf die Gruppe achten, sich darauf einlassen oder mogeln wollen und vieles mehr.

Deutsches Zeitgefühl

»Die Chinesen leben irrsinnig schnell, versuchen, in möglichst kurzer Zeit möglichst viel zu schaffen. Meine Eltern sind nie zu Hause, weil sie immer nur arbeiten. Auch bei uns gibt es das Sprichwort, dass Zeit Geld ist – und die meisten Chinesen richten sich danach. Wir haben so gut wie keine Freizeit. Die Deutschen denken ja immer, sie wären hektisch. In Wirklichkeit aber leben sie sehr langsam, überlegen lange, was sie gerade tun möchten oder müssen. Sie haben viel Zeit für sich und ihre Familie. Die deutsche Zeit rennt nicht, sie bewegt sich in langsamen Kurven. Sie ist nicht durch einen strengen Wettkampf um Arbeit und Platz vorgegeben. Die Deutschen können sich die Zeit einfach nehmen. Vielleicht ist das so, weil hier so wenige Menschen leben und deshalb viel Zeit und Raum für alle da ist. Ich finde das wunderschön. Denn wer sich keine Zeit nimmt, wird krank und schlecht gelaunt. Manchmal gehen die Deutschen trotzdem penibel mit ihrer Zeit um. Was wirklich seltsam ist, sie haben doch so viel davon. Wenn ich zum Beispiel eine Freundin treffen will, kann ich nicht einfach vorbeikommen, das nennen sie dann ›Überraschungsbesuch‹ und so was gehört sich wohl nicht. Ich muss vorher anrufen und mich ordentlich mit ihr verabreden. Gerade wenn es ums Essen geht. Essen hat hier immer mit Zeit zu tun. Deutsche versuchen, gemeinsam zu essen und dabei in Ruhe miteinander zu reden. Sie mögen es nicht, nur schnell mal was reinzuschlingen. Es sieht gemütlich aus, wie sie essen. Sie schneiden mit Messer und Gabel klein, was sie vor sich auf dem Teller haben. In China essen die Leute mit hoher Geschwindigkeit, schon wegen der Stäbchentechnik, und weil sie keine Zeit haben. Aber das Wichtigste, wenn man sich mit Deutschen zum Essen verabredet, ist pünktlich zu sein. Die Zeit der Deutschen ist langsam, aber genau.«

(Rong Liu, 17, aus Shanghai)

Varianten: Sie geben vor, dass man das Gehtempo nicht verändern darf, bis man die Ziellinie erreicht hat.

Oder: Sie verkürzen die Zeit auf 30 Sekunden und lassen nacheinander jeden Teilnehmer einzeln gehen.

Weitere Variante: Die Teilnehmer bleiben auf ihren Plätzen sitzen. Sie schätzen, wann exakt drei Minuten vorüber sind. Wer glaubt, die drei Minuten seien um, hebt kurz die Hand. Der Trainer notiert die Namen in der Reihenfolge. Danach kann ebenfalls wie oben geschildert, über die Erlebnisse gesprochen werden.

> Ich weiß zwar nicht, wo ich hin will, aber dafür bin ich schneller dort.
>
> Helmut Qualtinger

Tomaten auf den Augen

Zeitbedarf: 3 Minuten.

Material: Geben Sie den Teilnehmern ein Blatt mit folgender Aufschrift oder projizieren den Text:

> FINISHED FILES ARE THE RE-
> SULT OF YEARS OF SCIENTIF-
> IC STUDY COMBINED WITH THE
> EXPERIENCE OF YEARS

Situation: Kick zwischendurch, Konzentration.

Kurzbeschreibung: Die Teilnehmer sollen im Text alle »F« finden.

Beschreibung: Die Teilnehmer sollen herausfinden, wie viele »F« in diesem Text enthalten sind. Wer als erster richtig antwortet, ist Sieger. Der erste, der sich meldet, wird sagen: »Drei«. Darauf sagen Sie: »Lesen Sie noch einmal. Schauen Sie genau hin.« Die richtige Lösung lautet »sechs«. Die Wahrnehmung übersieht einfach die »F«s bei den »of«s.

Chancen und Gefahren: Die Übung verblüfft. Wie kann es kommen, dass man die »F«s bei den »of«s übersieht, obwohl sie doch auch groß geschrieben sind? Vielleicht liegt es daran, dass die anderen »F«s optisch hervorgehobener sind: als Anfangsbuchstaben oder als Zeilenende. Die Teilnehmer erkennen, dass man wichtige Informationen nicht zu schnell verarbeiten sollte. Das Wertvolle kann manchmal versteckt sein.

> »Wenn wir nur noch das sehen, was wir zu sehen wünschen, sind wir bei der geistigen Blindheit angelangt.«
>
> Marie v. Ebner-Eschenbach

Nichts gesehen

Zeitbedarf: 3 Minuten.

Material: Armbanduhr, Notizpapier, Stifte.

Situation: Die Konzentration der Teilnehmer lässt nach, Einstieg in das Thema »einseitige Wahrnehmung« und »blinder Fleck«.

Kurzbeschreibung: Die Teilnehmer sollen ihre Armbanduhr beschreiben, ohne sie anzusehen.

Beschreibung: Bitten Sie die Teilnehmer, ihre Armbanduhr abzunehmen und in die Jackentasche oder Hosentasche zu stecken. Anschließend sollen Sie auf einem Notizblatt die Antworten auf folgende Fragen festhalten:

- Hat die Uhr einen Sekundenzeiger oder nicht?
- Welche Farbe hat das Zifferblatt?
- Wie ist die Form der Zeiger?
- Welcher Art sind die Ziffern?
- Wie lautet die Anzahl der Ziffern?
- Welche Marke steht auf dem Zifferblatt?
- Wie schaut das Armband aus?

Danach werden die Uhren wieder hervorgeholt und die Antworten überprüft. Wer hat alle Antworten korrekt gegeben (beispielsweise bei den genannten Fragen sieben Punkte)? Wer hat sechs Punkte, wer fünf und so weiter? – Es zeigt sich, dass wir vertraute Dinge wie die Uhr zwar häufig anschauen, aber nur die Zeit ablesen und der Uhr selbst keine Aufmerksamkeit schenken.

Der Gag nach dieser Übung kommt jetzt: Bitten Sie die Teilnehmer, die Uhren ein zweites Mal einzustecken. Jetzt fragen Sie: Welche Zeit hat Ihre Uhr gerade angezeigt? Kaum einer weiß es. Denn eben hat jeder seine Uhr im Hinblick auf die erfragten Merkmale inspiziert. Die Zeit spielte dabei keine Rolle.

Dieser Nachtrag vertieft noch einmal nachhaltig die Erkenntnis, dass unsere Wahrnehmung immer selektiv ist. Über Vor- und Nachteile in der beruflichen Praxis der Teilnehmer können jetzt Erfahrungen ausgetauscht werden. (Beispiel: Als Vorgesetzter nimmt man an seinen Mitarbeitern einseitig nur die Dinge wahr, die mit Leistung zu tun haben. Andere menschliche Seiten übersieht man.)

Chancen und Gefahren: Diese Übung hinterlässt jedes Mal Eindruck. Man kann es nicht glauben, dass man einen Gegenstand, den man täglich so oft anschaut, so schlecht kennt. Mit dieser Betroffenheit können Sie weiter arbeiten. Jetzt sollen den Teilnehmern aus ihrem Alltagsleben Situationen einfallen, in denen diese »Routine-Blindheit« weit ernstere Folgen haben kann.

Betriebsblindheit

Einer Sache nicht angemessene Wahrnehmungs- und Beurteilungstendenzen, die oft durch Routine verursacht sind. Klassisches Merkmal der Betriebsblindheit ist die eingeschränkte Wahrnehmung betrieblicher Abläufe und Zusammenhänge. Auch unter »Manager-Krankheit« bekannt.

(nach: dvct, Deutscher Verband für Coaching und Training e.V.)

Seminargeschichten

Zeitbedarf: 5 Minuten.

Material: Geschichten, Fabeln, Märchen zum Nachdenken und Anwenden. Eine Fundgrube sind die 125 Kurzgeschichten für Seminare und Trainings, die Detlev Blenk (2006) zusammengestellt hat. Aus diesem Buch stammen die beiden folgenden Beispiele und die Bemerkungen dazu.

Situation: Anfang und Schluss von Themenblöcken oder Seminaren beziehungsweise einzelnen Seminartagen; Ruhepunkte, schwierige Situationen.

Kurzbeschreibung: Trainer oder ein Teilnehmer liest eine Geschichte vor.

Beschreibung: Eine Geschichte wird vorgelesen oder erzählt. Wie es weitergeht, hängt von der Situation ab, für welche die Geschichte ausgewählt wurde. Bei einer Geschichte als Ruhepunkt muss gar nicht darüber geredet werden. In besonderen Situationen (zum Beispiel Anfang, Schluss, schwierige Situationen und andere) können Sie nach einer Pause, in der die Geschichte nachwirken soll, fragen: »Hat Ihnen die Geschichte etwas über unsere/Ihre Situation gesagt?«

Der Traum des Sultan

Ein Sultan hatte geträumt, er verliere alle Zähne. Gleich nach dem Erwachen fragte er einen Traumdeuter nach dem Sinn des Traumes. »Ach welch ein Unglück, Herr!«, rief dieser aus. »Jeder verlorene Zahn bedeutet den Verlust eines Angehörigen!« – »Was, du frecher Kerl«, schrie ihn der Sultan wütend an, »was wagst du mir zu sagen? Fort mit dir!« Und er gab den Befehl: »Fünfzig Stockschläge für den Unverschämten!« Ein anderer Traumdeuter wurde gerufen und vor den Sultan geführt. Als er den Traum erfahren hatte, rief er: »Welch ein Glück! Welch ein großes Glück! Unser Herr wird all die Seinen überleben!« Da heiterte sich des Sultans Gesicht auf, und er sagte: »Ich danke dir, mein Freund. Gehe sogleich zum Schatzmeister und lasse dir fünfzig Goldstücke geben!« Auf dem Weg sagte der Schatzmeister zu ihm: »Du hast den Traum des Sultans doch nicht anders gedeutet als der erste Traumdeuter.« Mit schlauem Lächeln erwiderte der kluge Mann: »Merke dir, man kann vieles sagen, es kommt nur darauf an, wie man es sagt!«

(Pierre Levevre)

Fragen für die Auswertung:
Wie genau achten wir auf das, was wir sagen?
Wie oft kommt das, was wir sagen, ganz anders an als wir das wollten?
Wann achten wir genau auf unsere Worte, wann weniger oder gar nicht?

Mögliche Situationen:
Kommunikationstraining, Feedback, Veränderung der Wahrnehmung einer belastenden Situation (Reframing), schlechtes Kommunikationsklima im Seminar wegen unbedachter Äußerungen.

»Mag sein«

Vor langer Zeit lebte in einem kleinen Dorf ein alter Mann. Eines Tages brach ein großer Sturm über das Land herein, der sein Pferd so sehr erschreckte, dass es sich losriss und davonlief. Am nächsten Tag kamen seine Nachbarn und beklagten den alten Mann. »Du armer Mann. Das Pferd war ja alles, was du hattest und nun ist es fort.« Der alte Mann antwortete ruhig: »Mag sein.«
Einige Tage später kam das Pferd zu seinem alten Herrn zurück und hatte ein weiteres Pferd bei sich. Da kamen erneut die Nachbarn und riefen: »Du Glücklicher, erst läuft dein Pferd weg und nun hast du sogar zwei. Du bist wirklich vom Glück gesegnet.« Der alte Mann antwortete ruhig: »Mag sein.« Am anderen Tag, als sein einziger Sohn das neue Pferd zureiten wollte, wurde er abgeworfen und brach sich beide Beine. Wieder kamen die Nachbarn zum alten Mann gelaufen und sprachen: »O du unglückseliger Mann. Dein einziger Sohn liegt mit gebrochenen Beinen im Krankenhaus. Du hast schon wirklich großes Pech!« Der alte Mann antwortete ruhig: »Mag sein.« Tags drauf brach im Land ein großer Krieg aus und die Rekrutierungskommandos zogen durch die Dörfer und Städte, um die jungen Männer für den Krieg zu holen. Da der Sohn des alten Mannes aber beide Beine gebrochen hatte, blieb er verschont. So kamen die Nachbarn erneut gelaufen und riefen: »Du bist ja so ein glücklicher Mann. Dein Sohn wurde verschont und musste nicht in den Krieg ziehen. Du bist wirklich ein vom Glück beschenkter Mann.« Der alte Mann antwortete ruhig: »Mag sein.«

Fragen für die Auswertung:
Wie würden Sie die Botschaft der Geschichte formulieren?
Wird das Leben irgendwann leichter?
Was unterscheidet den alten Mann von seinen Nachbarn?
Ist seine Lebensphilosophie für Sie erstrebenswert?

Mögliche Situation:
Detlev Blenk schildert in seinem Buch, wie er die Geschichte für eine Seminargruppe aussuchte, die ganz besonders pessimistisch war und am ersten Tag fast zu jedem Angebot des Trainers Bedenken anmeldete. Er hängte am Morgen des zweiten Tages mehrere Blätter mit dem Satz »Mag sein« im Raum auf. Als die Teilnehmer eintraten, waren sie erst einmal erstaunt. Dann stieg Blenk ohne Vorrede mit der Geschichte ein. Nach einer kleinen Pause fragte er: »Warum wollte ich mit dieser Geschichte den Tag beginnen?« Nach einer Weile sagte eine Teilnehmerin: »Wir waren gestern wohl zu kritisch, oder?« Daraus entspann sich ein Gespräch mit der Gruppe über Wirkungen von Pessimismus und Abwehr im Training. Die Blätter mit dem »Mag sein« blieben weiter an den Wänden. Es kam dazu, dass die Teilnehmer immer wieder auf den Spruch zeigten, wenn jemand negatives Denken an den Tag legte.

Chancen und Gefahren: Eine Geschichte eignet sich für das Seminar, wenn sie

- zur Situation passt,
- Raum für Fantasie, eigene Erinnerungen und persönliche Deutungen lässt,
- Gefühle anspricht (betroffen macht oder zum Lachen bringt),
- zum Reden einlädt,
- den Blick für die aktuelle Situation und die beteiligten Personen öffnet.

Eine Geschichte eignet sich nicht für das Seminar, wenn sie

- zu lange dauert,
- schon bekannt oder leicht vorhersagbar ist,
- keine Brücke zur aktuellen Situation schlägt,
- andere verletzen oder schockieren könnte.

Für die Auswertung gilt: neugierig sein, was die Geschichte bei einem selbst und bei anderen ausgelöst hat und genau hinhören. Nicht die Geschichte zerreden!

Variante: Sie können zu einem bestimmten Thema die Teilnehmer fragen: »Haben Sie zu diesem Thema eine Geschichte erlebt, die Sie uns erzählen können?«

Das fliegende Ei

Zeitbedarf: 15–20 Minuten.

Material: Pro Gruppe wird benötigt: zwei rohe Eier, vier Meter Schnur, eine Rolle Tesafilm, zwei halbe Flipchartbogen, ein Karton DIN-A4, zwei Luftballons, zwei Gummiringe, eine Schere, Putzgerät zum Aufwischen.

Situation: Kick zwischendurch,Wettbewerb zwischen Teams, Zusammenarbeit analysieren.

Kurzbeschreibung: Man versucht, aus beträchtlicher Höhe (Fenster im zweiten Stock oder Treppenhaus) ein rohes Ei unversehrt zu Boden zu bringen.

Beschreibung: Die Teilnehmer werden in Gruppen zu 5–7 Personen aufgeteilt und erhalten die Materialien. Dann wird die folgende Anweisung gegeben: »Sie haben 30 Minuten Zeit, um sich eine Konstruktion auszudenken, mit der Sie ein rohes Ei aus dem zweiten Stock zu Boden fliegen lassen, ohne dass es zerbricht. Sie haben zwei Eier bekommen, damit Sie mit einem Ei einen Test durchführen können.« Nach 30 Minuten geht je ein Mitglied pro Gruppe zum Startplatz in der zweiten Etage. Die anderen sind die Jury und begeben sich zum Landeplatz. Jetzt werden die Eierflüge gestartet. Die Jury prüft, ob die Eier heil geblieben sind.

Chancen und Gefahren: Eine Übung, die in Methodensammlungen immer wieder auftaucht, aber nach meiner Erfahrung eher selten durchgeführt wird. Schade, denn sie hat es in sich! Die Übung wirkt sehr schwierig und fordert die Teams heraus. Der Eierflug ist spektakulär. Je nach Resultat liegen Freude und Enttäuschung dicht beieinander. Das Thema der Übung ist: »Schafft man Dinge, die einem zuerst unmöglich erscheinen?«

Varianten: Die Übung kann auch als Kick zur Auflockerung eingesetzt werden, oder zur Analyse von Gruppendynamik unter Stress. Im zweiten Fall wird pro Gruppe ein Beobachter gestellt. Nach der Übung wertet man die Berichte aus.

Man kann den Eierwurf auch im Raum durchführen. Die Eier lässt man dann auf einem Tisch stehend fallen. Hilfsmittel hierfür sind pro Gruppe 25 Trinkhalme und Tesafilm.

Wenn man den Wettbewerb erhöhen will, dann kann man der Gruppe freistellen, ob sie ein Ei oder bis zu vier Eier fliegen lassen will. Jedes weitere heil gebliebene Ei gibt Zusatzpunkte.

Tankstelle

Zeitbedarf: 5 Minuten.

Material: 1–4 Stühle.

Situation: Ein Teilnehmer ist down, frustriert, missmutig, verärgert. Jetzt ist Zeit, dass er Energie und gute Laune tankt.

Kurzbeschreibung: Der Teilnehmer sitzt auf einem Stuhl. Die anderen gehen um ihn herum und rufen ihm einen Energiesatz zu.

Beschreibung: Der Energie tankende Teilnehmer sitzt auf einem Stuhl. Die anderen gruppieren sich im Kreis um ihn herum. Der Tankende teilt ihnen seinen Wunschsatz mit. Zum Beispiel: »Du bist super!«, »Heute ist dein Tag!«, »Du bist der Größte!«

Dann umkreisen die anderen Teilnehmer langsam den Stuhl. Immer wenn ein Teilnehmer am Tankenden vorbei kommt, trägt er den Energiesatz mit größter Leidenschaft vor. Das Übertreiben in Tonfall und Körpersprache gehört dazu! Die Gruppe umrundet den Stuhl so lange, bis der Teilnehmer in der Mitte genug Energie aufgetankt hat.

Chancen und Gefahren: Das Tanken klappt immer. Auch der verdrossenste Teilnehmer beginnt irgendwann zu lachen. Trotz aller Übertreibung scheint die Situation zu wirken:Man ist im Mittelpunkt und die anderen geben sich Mühe um einen.

Varianten: Man kann auch zwei, drei oder vier Stühle in die Mitte stellen. Dann tanken gleichzeitig mehrere Teilnehmer Rücken an Rücken. Natürlich hat jeder seinen eigenen Energiesatz.

Eine andere Auftankmethode arbeitet mit dem Aufstellen. Man legt sieben bis zehn farbige, runde, große Pinnwandkarten (»Kuller«) in eine Reihe auf den Boden. Die erste wird mit einem grimmigen oder leidenden Gesicht markiert, die letzte mit einem strahlenden (Smiley). Wer sich gerade mies oder schlapp fühlt, sucht sich den Kuller in der Reihe aus, der seinem Zustand am ehesten entspricht und stellt sich daneben. Dann spricht er über sich selbst: »Also, dem (hier kommt der eigene Name) ginge es viel besser, wenn ...« Dann positioniert sich der nächste und sagt ebenfalls, was er braucht, um sich wohler zu fühlen. Wenn alle »Leidenden« zu Wort gekommen sind, wird überlegt, wie man ihre Wünsche umsetzen kann. Eine energetisierende Methode, wenn einige »down« sind!

Schon daheim

Zeitbedarf: Pro Teilnehmer ungefähr drei Minuten.

Material: Keines.

Situation: Abschluss.

Kurzbeschreibung: Die Teilnehmer stellen sich vor, sie seien nach dem Seminar wieder zu Hause.

Beschreibung: Die Teilnehmer sitzen entspannt mit geschlossenen Augen. Sie sollen sich ganz plastisch und in aller Ruhe nacheinander zwei Situationen vorstellen.

- *Erste Situation*: Sie sind nach dem Seminar zu Hause angekommen. Sie erzählen dem Partner (oder einem Freund, der sie anruft und nach dem Seminar fragt), wie es war.
- *Zweite Situation*: Sie liegen im Bett. Vor dem Einschlafen ziehen Erinnerungen an das Seminar vorüber.

Wenn alle wieder aus der Fantasie zurückgekehrt sind, sagen Sie: »Wir sind noch nicht zu Hause, sondern alle noch hier. Wir können uns jetzt noch Dinge sagen, die wir sagen wollen. Hat die Fantasiereise Sie angeregt, weitere Dinge mitzuteilen, bevor wir auseinander gehen?«

Chancen und Gefahren: Die Methode ist eine sanfte Vorbereitung auf die bevorstehende Trennung der Teilnehmer und den Übergang in die »Welt da draußen«. Wichtig für das Gelingen ist, dass die Fantasiereise auch stattfindet. Dabei spielen Sie als Trainer eine wichtige Rolle: Sie leiten in beruhigender Sprache die Reise an und leiten die Teilnehmer. Reden Sie nicht zu viel. Das Ende der Fantasie muss langsam erfolgen.

Sagen Sie zum Beispiel: »*Jetzt blenden Sie das Bild langsam aus. Holen Sie ein paar Mal tief Luft. Strecken Sie die Glieder als ob Sie gerade aufwachen. Öffnen Sie die Augen.*«

Den Teilnehmern wird klar, dass es zu Hause zu spät ist, um anderen Teilnehmern oder Ihnen noch etwas zu sagen. Deshalb kommt es noch zu Äußerungen, die meistens etwas Wichtiges enthalten.

Varianten: Sie richten als Trainer die Fantasie der Teilnehmer auf die Umsetzung eines Vorsatzes in der Praxis. Die Teilnehmer drehen im Kopf einen Film, in dem sie ihren Vorsatz in der Realsituation erfolgreich praktizieren. Jeder spürt, wie gut er sich dabei fühlt, wie manches nun leicht fällt, was bisher ein Problem war.

Weitere Variante: Sie lassen die Teilnehmer einen Katastrophenfilm drehen: »Sie wollen Ihre Vorsätze umsetzen, aber dann passiert …«. Wenn sich alle ihre Katastrophe ausgemalt haben, trägt jeder seinen Gau vor. Nun übernimmt jeder die Aufgabe, für einen Katastrophenfall eines anderen Teilnehmers Lösungen zu finden. Die werden dann wieder vorgetragen.

Knoten mit Inhalt

Zeitbedarf: Mehrmals im Seminar, jeweils zirka 10 Minuten.

Material: Seil (Plastikschnur aus ästhetischen Gründen nur im Notfall), Schere, Pinnwandkarten-Streifen mit Lochung (das Seil muss durchpassen).

Situation: Schlusssituation, Transfer.

Kurzbeschreibung: An einem Seilstück befestigt man Karten mit Erkenntnissen oder Vorsätzen, die man nach dem Seminar auf keinen Fall vergessen will.

> Ein gutes Gedächtnis ist nicht so gut wie ein bisschen Tinte.
>
> (aus China)

Beschreibung: Jeder Teilnehmer bekommt zu Beginn des Seminars ein Stück Seil (etwa 50 cm). Bereit liegen außerdem Stapel mit verschieden farbigen Streifen aus Pinnwandkarten. Schneiden Sie die Moderationskarten der Länge nach in zwei Teile, sodass Streifen entstehen, die so lang sind wie die Karte. Lochen Sie jeden Streifen, damit er auf das Seil gezogen werden kann.

Sagen Sie den Teilnehmern: »*Früher hat man einen Knoten ins Taschentuch gemacht, um etwas ganz Wichtiges nicht zu vergessen. Auch Sie werden hoffentlich in diesem Seminar Erfahrungen machen und Neues kennenlernen, das Sie unbedingt später umsetzen wollen. Das können auch persönliche Vorsätze sein. All das können Sie auf den Kartenstreifen festhalten. Ziehen Sie die Streifen auf Ihr Seilstück auf. Am Ende machen Sie dann einen Knoten und haben alle Karten gesichert.*«

> Ich habe mir extra einen Knoten ins Taschentuch gemacht. Jetzt finde ich das Taschentuch nicht mehr.

Im Seminar planen Sie dann (zum Beispiel jeweils am Tagesende) Zeiten ein, in denen die Teilnehmer überlegen, was sie festhalten wollen. So füllt sich nach und nach das persönliche Erinnerungsseil.

Der besondere Tipp: Sie können, angeregt von Assoziationen zum Seil, für das Seminar ein Bergsteiger- oder Seefahrerszenario wählen. Das sollten Sie zu Beginn lebendig werden lassen und im Laufe des Seminars wieder aktivieren.

Beispiel für Bergsteigen:

- Die Seminarabschnitte sind Berge, die man besteigt.
- Störungen beschreiben Sie als Lawinen, Schneestürme oder Wetterstürze.
- Wenn einige länger brauchen als andere, appellieren Sie an die Hilfsbereitschaft im Kletterteam.
- Beim Tagesüberblick am Morgen geht es um die Routenwahl.

So machen die Erinnerungsseile noch mehr Eindruck.

Chancen und Gefahren: Die Teilnehmer könnten ihre Punkte natürlich auch auf einem Papier oder in einem »Lerntagebuch« notieren. Doch das Seil mit den bunten Papierstreifen ist origineller und etwas zum Anfassen. Es fällt auf und liegt vor jedem Teilnehmer auf dem Tisch.
Nebenbei entsteht ein pädagogisch erwünschter Effekt: Ein Teilnehmer wird es sich schon aus Image-Gründen kaum leisten, sein Seilstück leer zu lassen. Er wird also vielleicht doch ernsthaft nachdenken und entdecken, was ihm wichtig ist.
Nach dem Seminar hängt jeder das Seilstück mit den Streifen am Arbeitsplatz auf und wird an die wichtigen Dinge erinnert.

Wozu geknotete Taschentücher außerdem gut sind

Unverheiratete Mädchen, die sich bald vermählen wollen, haben eine Möglichkeit zu erfahren, wer der Glückliche sein wird. Es genügt, wenn sie die Namen von drei infrage kommenden Bräutigamen auf drei Zettel schreiben und diese jeweils in ein Taschentuch knoten. Zudem wird ein viertes leeres Taschentuch geknotet. Die vier Taschentücher legen sie am Heiligen Abend unter das Kopfkissen. Am nächsten Morgen knoten sie eines der Tücher auf. Sollte es das leere sein, wird sich das Mädchen nie vermählen. Diese trübe Aussicht können sie aber noch mithilfe von Knödeln abwenden. Die drei Zettel mit den Namen backen sie am ersten Weihnachtsfeiertag in Knödel ein. Der vom Schicksal vorbestimmte Bräutigam gibt sich beim ersten Zerschneiden zu erkennen.

(alter Brauch aus Tschechien)

Bernd Heckmair

Erlebnisorientierte Lernprojekte

Aus: 20 erlebnisorientierte Lernprojekte

Probieren Sie die folgenden Übungen einfach einmal aus. Bei den Lernprojekten geht es um das Lernen mit allen Sinnen, das unmittelbar und direkt konkrete Erfahrungen vermittelt.

Lernprojekte statt Spiele in der Weiterbildung

Nichts gegen Spiele. Jeder weiß, dass sie Unmengen von Emotionen freisetzen können. Und eben diese Emotionen sind es, die unser Bewusstsein steuern. Insofern liegt es nahe, Spiele als »Lernkraftverstärker« in Trainings und Workshops einzubauen. Nur: Wenn Spaß die einzig wahre Messgröße ist, werden ohne Not wertvolle Potenziale vergeudet. Denn im spielerischen Tun steckt mehr als Ablachen.

Spiele in Workshops und Seminaren werden gern genommen als rasch verdauliche Energiedrinks zwischen zwei inhaltlichen Blöcken. Warum sind sie eigentlich nötig? Weil die eingesetzten Methoden während der eigentlichen Arbeitsphasen so dröge und langweilig sind? Entweder Ernst oder Spaß heißt häufig die Parole. Beides zugleich scheint unmöglich. Oder doch!?

Wenn die Elemente des Spiels, also Absprungzonen, Wassergräben und Zielbereiche radikal auf Geschäftsprozesse ausgerichtet sind, dann kann die unselige Dichotomie von Ernst und Spaß überwunden werden. Aber das geht nur ohne den sozialpädagogischen Mief des Mediums Spiel. Von dem muss man sich trennen. Einige eherne Prinzipien des traditionellen Spiels sind nämlich im Managementtraining fehl am Platz:

- *In der Spielpädagogik wird häufig das Bild des Bergführers bemüht, der voranschreitet und den Weg absteckt.* Übertragen auf das Management wäre das die Führungskraft, die alles vorgibt und keinen Raum lässt. Doch eben die steht konträr zu modernen Führungsprinzipien. Denn: Die Mitspieler sollen selbst Strategien entwickeln und das Gelände ausmessen können. Nur so ist Entwicklung möglich.
- *Spielerklärungen sollen möglichst einfach und präzise sein.* Falsch! Selbst im Zwei-Mann-Pizza-Service ist die Welt nicht simpel und eindeutig, sondern in der Regel hoch komplex. Und eben das gilt gleichermaßen für zeitgemäße Spielszenarien. Wenn die Komplexität zu weit reduziert wird, sind die Bilder, die entstehen, nicht mehr die richtigen.
- *Spielregeln sollen sich am schwächsten Teilnehmer orientieren.* Das ist zum einen ziemlich apodiktisch und klingt zum anderen schwer nach Sozialromantik der 1970er-Jahre des letzten Jahrhunderts. Kein Teamleiter definiert seine Ziele – ob im Team oder allein – am untersten Rand der Möglichkeiten. Eher am Visionären, an dem was kaum erreichbar scheint. Denn gerade die Herausforderungen sind es, die Teams voranbringen.
- *Ernst- und Spielsituationen sollen klar voneinander abgegrenzt werden.* Schon wieder ein Nein. Ob etwas spaßig oder ernst ist, entscheidet jeder Mensch höchst individuell. Da wäre ein Imperativ des Trainers erstens fehl am Platz und zweitens

kontraproduktiv. Was nötig ist, sind Trainer, die mit offenen Situationen umgehen können. Und die auch eine Affinität zu einer »Ästhetik des Scheiterns« haben.

- *Im Nachhinein beginnen oft die Diskussionen, wie der Trainer was gesagt hat.* Doch das muss nicht sein. Und ob: Da wird es erst richtig spannend! Wenn zum Beispiel ein Team vor lauter Verliebtheit ins eigene Bild (»Wir sind 'ne Super-Truppe!«) permanent mit externen Faktoren argumentiert, um vom eigenen Unvermögen abzulenken. Kann sein, dass der Trainer sich hier kurzzeitig unbeliebt macht, indem er den Finger in die Wunde legt.

Die vorgestellten *erlebnisorientierten Lernprojekte* schöpfen aus der Emotionalität des Spiels, sind aber keine Spiele. In »Mikrowelten« werden die Teilnehmer mit herausfordernden Aufgaben konfrontiert. Strategisches und operatives Management zum Anfassen! In Reflexionen und Feedbackrunden analysieren Teilnehmer und Trainer nach der Aktion die abgelaufenen Prozesse, vergleichen Selbst- und Fremdbilder und fragen nach den Konsequenzen. Die *Lernprojekte* sind dabei Werkzeuge sowohl für Diagnose als auch für Entwicklung, kurz gesagt *Change Management* in Pillenform.

Doch wovon ist hier die Rede? Es geht um Lernen, das alle Sinne einbezieht, das unmittelbar und direkt konkrete Erfahrungen vermittelt, das anrührt, Menschen und Dinge in Bewegung bringt.

Vielleicht denken Sie jetzt spontan an ein Outdoor-Training, das Sie selbst mitgemacht haben oder von dem Ihnen erzählt wurde. Nein, das ist es nicht, obwohl eine Verwandtschaft zu den hier besprochenen *Lernprojekten* besteht.

Anders als beim Outdoor-Training, das meist mit aufwendigen und spektakulären Aktionen wie Klettern im Hochseilgarten, Abseilen oder Rafting verbunden ist, kommen bei den Lernprojekten »schlanke«, leicht realisierbare Teamaufgaben zum Zuge, die jede Trainerin und jeder Workshop-Moderator, einsetzen kann – ob im Tagungshotel, auf dem Büroflur oder der kleinen Wiese neben den Räumen der Volkshochschule.

Natürlich wäre es unredlich, so zu tun, als wären die *erlebnisorientierten Lernprojekte* eine mehr oder weniger geniale Erfindung, die sich der Autor in langen Schreibtischnächten und noch längeren Feldversuchen ausgedacht hat. Nein: Es gibt zahlreiche Spielfelder, Disziplinen und Zuschreibungen, die ähnliche oder vergleichbare *Lernprojekte* beinhalten. Ohne Anspruch auf Vollständigkeit seien an dieser Stelle aufgeführt:

- die »problem solving tasks« der amerikanischen »Experiential Education« (vgl. Gass 1995; Rumsey 1996; Priest/Rohnke 2000),
- die Erlebnispädagogik, die vor allem in der Sozialen Arbeit ihren Platz hat (vgl. Heckmair/Michl [6]2008; Kölsch/Wagner [2]2004), und
- die seit etwa Mitte der 1990er-Jahre verstärkt in die Schulpädagogik einziehenden »Kooperativen Abenteuerspiele« (vgl. Gilsdorf/Kistner [12]2003).

Doch wie sehen diese Lernprojekte nun konkret aus?

Ein Team oder auch mehrere Gruppen werden mit Aufgaben konfrontiert, die zwar wenig zu tun haben mit den Arbeitsinhalten des Unternehmens, der Organisation oder Öffentlichen Verwaltung, bei der Sie beschäftigt sind, sehr wohl jedoch mit Strukturen, zeitlichen Abläufen und typischen Situationen. Ohne den Druck, das fachliche Können demonstrieren zu müssen, werden Mitarbeiter und Führungskräfte »hineingeworfen« in Aufgaben, die teils einfach erscheinen, indessen ziemlich anspruchsvoll sind oder erst als quasi unlösbar betrachtet werden und dann umso lockerer erfolgreich umgesetzt werden. Die räumliche und zum Teil auch gedankliche Entfernung zum Alltag im Betrieb ist dabei nicht die Schwäche, sondern die Stärke der Konzeption. Denn: Kontraste motivieren, wecken Impulse zur Veränderung. Wer das Tradierte verlässt und auf eine neue und damit inspirierende Lernumgebung trifft, der handelt auch anders, experimentiert, probiert Neues aus. Reinhard Sprenger sagte so schön, dass das einzige Wesen, das Wandel wirklich will, ein Baby mit nassen Windeln sei. Wenn wir uns leiten lassen von diesem Bild, dann müssen wir Trainer dafür sorgen, dass die Lernenden hautnah und direkt Erfahrungen machen können (nass werden ist dabei nur eine von vielen Möglichkeiten!) und dass Wandel am leichtesten in unbekanntem Terrain, im Neuland gelingt.

Ich hatte Mitte der 1970er-Jahre als Student eine erste Begegnung mit einem sozialen Experiment, das ich heute als *Lernprojekt* bezeichnen würde: Meine Professorin für Psychologie lud zu einem Wochenendseminar mit der Überschrift »Selbsterfahrung« (an der damals kein Student der Sozialwissenschaften herumkam) ein und brachte dazu unter anderem einige Bögen Pappe, Klebstoff und eine Schere mit. Wir Studenten sollten unter Beobachtung einiger Kommilitonen und der besagten Professorin einen Turm bauen. Anschließend durften wir kundtun, wie es uns bei der Aktion ging, mussten uns die Berichte der Beobachter anhören und konnten schließlich ausgiebig darüber diskutieren, warum wir uns so verhielten, wie wir uns verhielten. Ich war damals, wenn ich mich recht erinnere, nicht besonders glücklich über das Wochenendseminar, hatte aber doch eine Vorahnung davon, dass in diesem vermeintlichen Kinderspielchen einiges an Potenzialen und Möglichkeiten steckt, was erst noch erschlossen werden wollte.

Und noch eine Geschichte, die deutlich machen soll, dass die hier vorgestellte Methode viele Menschen verunsichert und man infolgedessen als Anleiter mit entsprechenden Reaktionen konfrontiert wird. Vor ein paar Jahren engagierte mich ein Institut für Hochschuldidaktik als Referent für ein Seminar mit dem Thema »Projektmanagement«. Die Teilnehmer, überwiegend Professoren aus technischen Fächern, kamen von verschiedenen Fachhochschulen. Gleich nach der Begrüßung leerte ich eine Kiste mit Utensilien in die Mitte der Runde: Kiefernzapfen, einen alten Kompass, einen Wetzstein, ein Klappmesser, ein Fuchsfell samt präpariertem Kopf und einige andere Dinge, die mit dem Thema auf den ersten Blick nicht viel gemein hatten. Jeder sollte sich den Gegenstand nehmen, der ihn besonders anspricht und sich vorstellen.

Alle ließen sich auf dieses Spiel ein, assoziierten mehr oder weniger »wild drauflos«, wobei einige gleich die Ernsthaftigkeit ihres Kommens betonten. Mit scharfem Blick auf mich, den Referenten brachte es dann einer der Hochschullehrer auf den Punkt: »Verstehen Sie mich nicht falsch, aber ich bin nicht hierher gekommen, um Spielchen zu machen!«

Im Verlauf des Seminars wurde mir klar, auf welchem Verständnis von Lernen dieser Spruch fußte: Ein Experte hat »vorn« zu stehen und den Zuhörern zu erklären, wie Projekte zu managen sind. Mit minutiös ausgearbeiteten Zielen, DV-gestützten Ablaufplänen, Organigrammen und und und …

Provozierend – denn was blieb mir anderes übrig – antwortete ich, dass ich vorhätte, in erster Linie Spielchen zu machen, weil es meines Erachtens darauf ankäme, aus Erfahrungen zu lernen. Natürlich sollten wir uns auch über konkrete Projekte austauschen, denn jeder hätte sicher Interessantes über eigene Projekte vorzubringen: von der Organisation eines Grillabends im Verein bis hin zu einem mit Drittmitteln finanzierten Forschungsvorhaben.

Es kam, wie es kommen musste: Die Professoren waren tief beeindruckt, vermissten indes eine breit angelegte theoretische Einführung in das Projektmanagement, die der Referent am Anfang zu leisten gehabt hätte. Womit wir gleich beim Richtungsstreit zwischen Instruktionisten und Konstruktionisten angelangt wären: Erstere unterstellen, dass »der Lernstoff«, soweit er »nach allen Regeln der Kunst« aufbereitet und präsentiert wird, vom Lernenden abgespeichert würde. Letzere bezeichnen eben dies als den »Lehr-Lern-Kurzschluss«: Das Postulat »Gelernt wird, was gelehrt wird« würde nie und nimmer funktionieren.

Lernprojekte sind für instruktionistische Seminarleiter denkbar ungeeignet. Denn: Das was entsteht, was herauskommt, lässt sich nicht vorhersagen. Trainer indessen, die dem Konstruktivismus nahestehen, lassen sich gerne auf lebendige und dynamische Prozesse ein. Für sie sind all die vielen Konstruktionen – gegenständliche wie gedankliche – Knetmasse für Erkenntnis- und Veränderungsprozesse, an denen die Lernenden genauso arbeiten wie die Anleiterinnen und Moderatoren.

Für wen und für welchen Zweck sind *erlebnisorientierte Lernprojekte* gedacht?

Eines steht fest: Instruktionistisch denkende Dozenten – ebenso wie Trainer – haben so ihre Schwierigkeiten mit offenen, unfertigen und teilnehmerorientierten Lernprozessen. Sie fühlen sich erst dann wohl, wenn klare Ursache-Wirkungs-Zusammenhänge konstatiert werden, wenn lineare Plausibilitäten entwickelt und ein nachrichtentechnisches Verständnis der Informationsweitergabe vorherrscht. Diese Gruppe wird mit Lernprojekten keine rechte Freude haben – oder sieht sie als »Rosskur« und zieht gerade deshalb Nutzen daraus!? In erster Linie sind alle diejenigen angesprochen, die Experimente lieben, keine Angst vor offenen Situationen haben, mit Unfertigem leben können, auf Erlebnisse aufbauen und Erfahrungen verarbeiten wollen.

Welcher Platz den *Lernprojekten* eingeräumt wird, bleibt natürlich jedem selbst überlassen: So können sich die Lernprojekte und Szenarien wie ein roter Faden durch das Seminar ziehen – ergänzt zum Beispiel durch Theorie-Inputs und Kleingruppenarbeit zu den fixierten Themen. Oder sie fungieren, sozusagen in »Pillenform«, als auflockernde und stimulierende Praxisbausteine zwischendurch.

Themen sind nicht mehr als Arbeitshypothesen

Im Prinzip kann mit jedem *Lernprojekt* eine Reihe bestimmter »weicher Themen«, wie zum Beispiel Vertrauen, Verantwortung und Einfühlungsvermögen, bearbeitet werden. Allerdings kann keineswegs ausgeschlossen werden, dass nicht andere Themen das Geschehen des *Lernprojekts* bestimmen und der vom Trainer vielleicht bewusst anvisierte Themenschwerpunkt gar nicht zur Sprache – oder besser: zur Ausführung kommt.

Offenheit bei den Themen. Aber gerade dieser Aspekt des Offenen, nicht Vorhersagbaren macht die Sache erst richtig interessant. Häufig sind es ja gerade die Projektionen des Trainers, die den Seminarverlauf in einer bestimmten Weise determinieren. Mit der Auswahl, dem Rhythmus, der Länge und Akzentuierung der einzelnen Arbeitseinheiten glaubt er, »alles im Griff« zu haben. Angesichts seiner Machtposition mag das auch tatsächlich zutreffen. Nur: Er und vor allem die Teilnehmer nehmen so in Kauf, dass andere Themen, die für die Gruppe genauso wichtig wären, unter den Tisch fallen.

Diagnostische Instrumente. Die *erlebnisorientierten Lernprojekte* sind in dieser Hinsicht nur sehr begrenzt kalkulierbar. Wie die einzelnen Akteure und Teams an die Aufgabe herangehen, ob sie euphorisch »durchstarten« und dabei das eigentliche Ziel ganz aus den Augen verlieren oder ob sie sich vielleicht verweigern und ihr Heil in einem Konflikt mit dem Trainer suchen, ist prinzipiell offen. Dies bringt allerdings nicht nur Nachteile mit sich: Die *Lernprojekte* eignen sich nämlich hervorragend als diagnostische Instrumente: Nicht selten holen sie jene oft heiklen Punkte ans Tageslicht, die sonst kunst- und mühevoll unter der Oberfläche gehalten werden.

Mithin sollten jene Trainer und Berater umdenken, die einzelnen Lernsequenzen bereits im Vorfeld jeweils minutiös definierte Ziele zuordnen wollen, um diese dann, sozusagen per Vollzug, einzulösen. Auf alle Fälle ist Mut gefordert, sich auf unbekannte Situationen und offene Ausgänge einzulassen und auch einmal etwas zu riskieren.

Stühle kippen

Akteure: 6 bis 25 Personen.

Räumlichkeiten bzw. Platzbedarf: Außerhalb eines Stuhlkreises sollte möglichst noch ein knapper Meter Abstand zu Wand, Fenster oder Tür frei sein.

Material: Stühle (oder Sessel) – im Kreis angeordnet. Der Abstand von Stuhl zu Stuhl beträgt maximal einen Meter.

Zeitbedarf: 10 bis 15 Minuten.

Charakteristik: Für alle Akteure stehen – angeordnet zu einem Stuhlkreis – Sitzgelegenheiten bereit. Nur: Als solche kommen sie nicht zum Einsatz. Die Akteure stehen vielmehr hinter je einem Stuhl oder Sessel und balancieren diesen auf seinen vorderen Beinen aus.

Sodann haben sie die Aufgabe, das »Gerät« von ihrem Nachbarn zu übernehmen und schließlich den Kreis einmal zu umrunden, ohne dass ein Stuhl umfällt.

Bei diesem Miniprojekt schlägt man zwei Fliegen mit einer Klappe: Als erste Aktion eines Workshops oder Seminars kann ohne große Worte verdeutlicht werden, dass die Veranstaltung nicht als Vortrags- und Diskussionsmarathon geplant ist. Zum anderen erhält der Trainer einen ersten, wenn auch groben, diagnostischen Anhaltspunkt, wie die Gruppe (inter)agiert. Außerdem wird – vor allem dann, wenn sich die Akteure nicht kennen – das meist steife Klima einer Anfangssituation ein Stück weit aufgelöst.

Vorbereitung und Instruktion: Es stehen so viele Stühle wie Mitspieler im Kreis. Jeder Akteur stellt sich hinter einen Stuhl, fasst diesen mit einer Hand an der Lehne und kippt ihn in Richtung Mittelpunkt des Kreises. Die Aufgabe besteht nun darin, dass alle Akteure den Stuhlkreis umrunden, ohne dass ein Stuhl wieder auf seine vier Beine fällt oder umstürzt. Dabei darf nur eine Hand benutzt und nur jeweils ein Stuhl berührt werden. Es dürfen weder Hilfsmittel verwendet, noch die Position der Stühle verändert werden.

Das Miniprojekt ist dann zu Ende, wenn alle wieder an ihrem Ausgangspunkt stehen und kein Stuhl zu Boden ging oder in die normale Sitzposition fiel. Strengere Variante: Kein Klappern darf zu hören sein.

Bei einem Fehler geht jede Person zurück an »ihren« Stuhl und alles beginnt von vorn.

Moderation bzw. Intervention: Prinzipiell ist Zurückhaltung angesagt! Allerdings tendieren manche Gruppen dazu, die Regel, dass bei einem Fehler alles wieder von vorne beginnt, nicht ernst zu nehmen. Dann ist es ratsam, dass der Trainer die Akteure an ihre Ausgangspositionen zurückschickt.

Wird mit diesem kleinen Projekt ein Workshop oder ein Seminar gestartet, sollte es der Trainer den einzelnen Akteuren beziehungsweise der Gruppe überlassen, was als Fehler zu werten ist. Wenn ein Stuhl für einen winzigen Augenblick auf allen vier Beinen steht und es dabei hörbar klappert, gewinnt oft die Haltung »Hat ja niemand gehört!« die Oberhand. Ich persönlich greife dann nicht sofort ein, sondern warte mit meiner Intervention auf eine etwaige Reaktion der Gruppe.

Auswertung: Die Reflexion sollte nicht zum starren Ritual verkommen, das obligatorisch jeder Aktion folgt. Insofern verzichte ich beim »Stühle kippen« manchmal darauf. Etwa dann, wenn nach einer chaotischen Anfangsphase, bei der die Stühle wild durcheinanderpurzeln, ein gemeinsamer Rhythmus gefunden wird, der rasch zum Erfolg führt.

Wenn allerdings mehrere Personen um die informelle Führerschaft konkurrieren oder niemand den Taktstock ergreifen will, kann es zahlreiche, manchmal zermürbend viele Versuche lang dauern, bis die Aufgabe gelöst ist.
Der Trainer könnte in diesem Fall – mit Blick auf die Gruppenkultur (oder seine eigenen Projektionen) – in spekulativer Weise nachfragen:

- Welche positiven und negativen Effekte sind zu erwarten, wenn eine Gruppe keine oder mehrere Leitungspersonen hat? Wann ist Leitung erforderlich?
- Wie können Leitungspersonen ihre Akzeptanz in wenig strukturierten, unübersichtlichen Situationen erhöhen?
- Wie geht man mit dem »Sündenbock« um, der kurz vor dem Ziel patzt, sodass alles wieder von vorne beginnt?
- Welche Rolle spielt Zeit bei Projekten, die auf ein »Null-Fehler-Prinzip« gründen?

Dass damit unter Umständen bereits ein »größerer Koffer« geöffnet wird, sollte sich der Trainer bewusst sein. Denn: Ausufernde Diskussionen zu Beginn sind selten ergiebig.

Raum ist in der kleinsten Hütte

Akteure: 6 bis 25 Personen.

Räumlichkeiten bzw. Platzbedarf: Einige wenige Quadratmeter ebene Fläche reichen aus.

Material
- Ein Bergseil oder
- eine Wäscheleine mit einer Länge von mindestens fünf Metern.

Zeitbedarf: 15 bis 20 Minuten.

Charakteristik: Die Gruppe soll innerhalb eines möglichst kleinen Seilrings für einige Sekunden ausharren, ohne den Boden außerhalb zu berühren. Sie kann selbst bestimmen, was sie sich zumuten will und welches Risiko sie eingehen will. Entschließen sich die Gruppenmitglieder dazu, das Seil zu einem großen Ring auszulegen, in dem sie bequem Platz haben? Oder verständigen sie sich ambitioniert und kämpferisch auf einen sehr kleinen Kreis, in dem sie eng zusammenrücken müssen und der ihnen einiges an Geschick und Akrobatik abverlangt?
Als Starter eher ungeeignet, kommt dieses Lernprojekt am besten ab Mitte des Seminars oder Workshops zum Einsatz. Wie ein Lakmustest sagt das Ergebnis eine ganze Menge über die Leistungsbereitschaft sowie das Verhältnis von Nähe und Distanz der Gruppe beziehungsweise des Teams aus.

Vorbereitung: Sessel, Stühle und Tische werden so zur Seite gerückt, dass einige Quadratmeter freie Fläche entstehen. In das Ende des bereitliegenden Seils wird ein Ring geknüpft, der sich wie ein Lasso verschieben lässt.

Instruktion: Zuerst werden Aufgabe und Regeln bekannt gegeben:

»Bilden Sie mit dem Seil einen Ring, in den Sie alle ›reinpassen‹. Der Seilring sollte so klein wie irgend möglich sein. Setzen Sie sich ein sportliches Ziel!
Folgende Regeln sind zu beachten:
- *Alle Akteure müssen mindestens fünf Sekunden in diesem Seilkreis verharren.*
- *Dabei dürfen sie weder das Seil, noch den Raum oder einen Gegenstand außerhalb des Rings betreten oder berühren.*
- *Keine Hilfsmittel dürfen verwendet werden.*
- *Auch darf niemand »Huckepack« genommen werden.«*

Der Ablauf gestaltet sich dann folgendermaßen:

> *»In einem ersten Schritt legen Sie den Seilring in der gewählten Größe aus. Anschließend haben Sie einen einzigen Versuch zur Verfügung, fünf Sekunden im Seilring unter Beachtung der Regeln zu verharren.«*

Moderation, Intervention und Sicherheit: Der Trainer kann sich bei diesem Lernprojekt zurückhalten und warten bis die Gruppe signalisiert, dass sie nun ihren »Ernstversuch« starten möchte.

Wenn gegen die Regeln verstoßen wird, kann er entweder intervenieren oder den Regelverstoß ignorieren und bei der Auswertung darauf zurückkommen. »Trockenversuche« sind erlaubt, soweit das Seil dabei nicht benutzt wird. Die »Huckepack-Technik« sollte ausgeschlossen werden, da die Verletzungsgefahr sowohl beim Hochstemmen als auch beim Absetzen einer Person zu groß wäre.

Auswertung: Das Lernprojekt »Raum ist in der kleinsten Hütte« eignet sich vorzüglich als Standortbestimmung der Gruppe, spiegelt es doch anschaulich Engagement, Belastungsfähigkeit und Risikoverhalten wider. Folgende Leitfragen könnten für eine Nachbetrachtung herangezogen werden:

- Wie hat sich die Gruppe auf ein gemeinsames Ziel geeinigt?
- Wie erfolgte die Risikoabwägung und das Risikoverhalten in der Gruppe?
- Wurde präzise geplant und vorbereitet oder eher spontan und »hemdsärmelig« gehandelt? Gab es ein Trockentraining, eine Simulation unterschiedlicher Methoden, bevor man »live« ging?
- War das Zeit- und Ressourcenmanagement dem Projekt angemessen?
- Wie werden Engagement, Hingabe und Entschlossenheit beurteilt?
- Wurde die unvermeidliche körperliche Nähe der Akteure als angenehm oder als unangenehm empfunden?

Bildet das Lernprojekt den Schlussakkord einer Veranstaltung, sind ausufernde Reflexionen fehl am Platz. Dann ist es eher angemessen, sich gemeinsam mit der Gruppe an der – standfesten oder fragilen – Menschenskulptur zu erfreuen als kleinkariert an einer Seilberührung rumzumäkeln.

Teppich falten

Akteure: 6 bis 12 Personen.

Räumlichkeiten bzw. Platzbedarf: Ein paar Quadratmeter ebene Fläche.

Material: Eine Decke mit den ungefähren Maßen 2 m × 1,20 m.

Zeitbedarf: 15 bis 20 Minuten.

Charakteristik: Alle Akteure stellen sich auf eine Decke. Sie sollen diese unter ihren Füßen wenden und in einem zweiten Schritt falten, ohne dass jemand den Boden berührt. Was sich erst einmal ziemlich profan anhört, entpuppt sich in der Praxis als ein recht pfiffiges Projekt. Nur wenn die Gruppe den richtigen Mix aus Überlegen, Planen und Ausprobieren findet, kommt sie rasch und ohne große Umwege zu einem guten Ergebnis.

»Teppich falten« ist wie geschaffen für Teams, die neu formiert oder umstrukturiert wurden. Alle sind gefordert zusammenzurücken. Dabei empfindet nicht jeder die körperliche Nähe zu den Kollegen als angenehm. Und in dieser ungewöhnlichen Lage, in der es für den Einzelnen schwierig ist, die Lage der Dinge zu überblicken, soll nun – ohne großen Plan –, improvisierend und ständig die Handlungen korrigierend, erst ein vorgegebenes und anschließend ein selbst gestecktes Ziel erreicht werden.

Vorbereitung: Die Decke wird auf dem Boden ausgebreitet. Das ist alles, was an Vorbereitung notwendig ist.

Instruktion (I): Das Projekt besteht aus zwei Teilaufgaben. Sie werden einzeln vorgestellt:

> *»Die erste Aufgabe lautet, diese Decke komplett zu wenden, sodass die jetzt sichtbare Seite nach unten zeigt. Während dieser Aktion darf niemand den Boden berühren. Hilfsmittel sind nicht erlaubt. Ausgeschlossen ist auch, dass jemand auf die Schulter eines anderen steigt.«*

Moderation bzw. Intervention (I): Eingriffe nehme ich nur dann vor, wenn Sicherheitsaspekte berührt werden. Jemanden auf die Schulter eines anderen zu nehmen gestatte ich nicht. Die Verletzungsgefahr beim Auf- und Absetzen ist aus meiner Sicht für den »Untermann« zu hoch. (Muskeln, Sehnen und Gelenke würden beim Aufrichten und Absetzen in extremen Beugestellungen zu stark belastet.)

Instruktion (II):

> *»Die zweite Aufgabe ist nun, Ihre Leistungsfähigkeit als Gruppe einzuschätzen. Wie oft können Sie die Decke falten, damit jeweils halbieren und anschließend auf ihr zusammen Platz finden. Wie vorher dürfen alle dabei nicht den Boden berühren und keine Hilfsmittel benutzen. Das Ziel ist, die Decke möglichst oft zu falten. Sie haben nur einen einzigen Versuch.«*

Moderation bzw. Intervention (II): Das unter Moderation bzw. Intervention (I) Gesagte gilt hier analog.

Auswertung: Eingeleitet werden kann die Auswertung mit einem kurzen »Blitzlicht« zur Gruppenleistung bei den beiden Teilaufgaben und zum persönlichen Beitrag daran. Reihum kommt jeder Akteur zu Wort, Kommentare und Zwischengespräche werden dabei nicht zugelassen.

Nach dem Blitzlicht haben alle Beteiligten die Chance, einzelne Einschätzungen zu kommentieren und ihre jeweils individuelle Sicht der Dinge einzubringen.

Der Moderator kann zusätzliche Fragen aufwerfen. Zum Beispiel:

- *»Welche Planungsschritte wurden zur Lösung der ersten Teilaufgabe unternommen?«*
- *»Waren sich alle über das gemeinsame Vorgehen klar, als die Decke betreten wurde?«*
- *»Wie wurde mit Schwierigkeiten während des Wendens umgegangen?«*
- *»Wie lief die Kommunikation in Platzverhältnissen ab, die man sonst nur aus überfüllten Aufzügen kennt?«*
- *»Wie verlief die Risikoabwägung bei der zweiten Teilaufgabe? Setzte sich die Haltung ›Hopp oder top‹ durch oder bevorzugte man den ›Beamtenmodus‹ nach dem Motto ›Keine Experimente‹?«*

Und er kann systemisch fragen:

- *»Wenn Ihnen jetzt Ihr oberster Chef (wichtigster Kunde, Back-Office-Mitarbeiter, Sponsor …) zugeschaut hätte, was würde der zu Ihrer Leistung sagen?«*
- *»Wie viel Prozent der von Ihnen eingesetzten Energie investierten Sie in die Zielerreichung und wie viel Prozent in den Erhalt beziehungsweise den Aufbau eines positiven Klimas im Team?«*

Doch Vorsicht: Die Gruppe ist »Interaktionsfeld«, nicht »Interpretationsfeld«!

Knoten knüpfen

Akteure: 6 bis 16 Personen.

Räumlichkeiten bzw. Platzbedarf: Je nach Personenzahl sollte pro Team eine Fläche von circa 3 × 3 m zur Verfügung stehen.

Material:

- 2 Seile oder Wäscheleinen à 10 m.
- Ein kurzes Seilstück (Schnur) für den »Musterknoten«.
- 4 beschriftete Moderationskarten zur Auswertung.

Zeitbedarf: Sehr unterschiedlich! – Im Durchschnitt etwa eine halbe Stunde.

Charakteristik: Die Mitglieder zweier Teams halten mit ihren Händen je ein Seil fest. In jedes dieser beiden Seile soll ein bestimmter Knoten geknüpft werden, ohne dass die Akteure die Seile loslassen.

Bei kaum einem *Lernprojekt* werden so unterschiedliche Ergebnisse erzielt wie bei diesem. Manche Gruppen lösen die Aufgabe innerhalb weniger Minuten, andere geben nach mehr als einer Stunde entnervt auf. Natürlich sind – wie bei den meisten *Lernprojekten* – mehrere Variationen des Settings möglich. Mir gefällt am besten jene Version, bei der zwei Teams die gleiche Aufgabe lösen, also einen identischen Knoten ins Seil knüpfen sollen.

Mit dem Projekt »Knoten knüpfen« kann eine Vielzahl von Themen gegenständlich und konkret bearbeitet werden. Hier ein Beispiel: Wenn der Trainer das Thema »Wissensmanagement« fokussieren will, kann er bereits bei der Instruktion auf den wichtigen Know-how-Transfer zwischen den beiden Teams hinweisen.

Vorbereitung und Instruktion: Die Gruppe wird in zwei gleich große Teams aufgeteilt. Es spielt dabei keine Rolle, wenn ein Team eine Person mehr an Bord hat als das andere. Der Trainer hat für jedes Team ein Seil parat gelegt. Die Teammitglieder nehmen nun »ihr« Seil in Empfang, wobei jeder das Seil so zu fassen bekommt, dass ein Halbkreis gebildet werden kann.

Den beiden Teams wird ein Musterknoten, der in ein drittes, kurzes Seilstück gebunden wurde, gezeigt. Diesen Knoten sollen sie an einer bestimmten Stelle ins Seil knüpfen. Der Musterknoten darf die ganze Zeit über nicht angefasst werden (s. S. 238).

Alle Akteure sollen sowohl während der Planung als auch während der Umsetzung ständig mit beiden Händen das Seil umfassen. Sie dürfen es jedoch durch die Finger gleiten lassen, sodass beispielsweise größere Abstände zwischen den Akteuren gebildet werden können.

Das Projekt ist dann beendet, wenn die definierten Knoten an den vorgegebenen Stellen der Seile vollendet wurden.

Moderation bzw. Intervention: Im Eifer des Gefechts halten sich viele Gruppen nicht an die Regel, dass ständig mit beiden Händen Kontakt zum Seil gehalten werden muss. Besonders die engagierten, manchmal auch exaltierten Akteure gestikulieren, wobei das Seil natürlich hinderlich ist. Ich reagiere meistens nicht darauf, sondern komme erst im Rahmen der Auswertung darauf zurück.

Auswertung: Nach der Aktion, die meistens kurzweilig und erfolgreich, manchmal auch zäh und frustrierend empfunden wird, sollte erst mal »Dampf abgelassen« werden können. Nicht der Kopf, sondern der Bauch kommt also in dieser ersten Phase der Auswertung zum Zuge. Die Fragen des Trainers könnten lauten:

»Wie war es?«

»Was hat Spaß gemacht, was hat genervt?«

»Hatten Sie am Anfang oder im Verlauf Ihrer Anstrengungen das Gefühl, dass Sie Erfolg haben werden oder dass Sie scheitern?«

Daran anschließend, werden die Akteure aufgefordert, ihr Verhalten während des Projekts abzubilden, indem sie eine bestimmte Position im Raum einnehmen. Als Bezugspunkte dienen vier definierte Rollen:

- Vordenker,
- Macher,
- Mitmacher,
- Skeptiker.

Methodisch funktioniert das folgendermaßen: Der Trainer schreibt die vier Rollen auf Moderationskarten und platziert diese als Eckpunkte eines Quadrats im Raum. Die Akteure haben dann die Aufgabe, ihr eigenes Handeln und Verhalten während der Aktion einzuschätzen und sich in diesem Koordinatensystem ihrer Selbsteinschätzung entsprechend aufzustellen.

Der Trainer gibt allen Teilnehmenden Zeit, sich ihren Platz zu suchen, und fragt, wenn alle zum Stehen gekommen sind, ob sich jetzt jeder an seinem Platz eingefunden hat. Daraufhin fordert er die Beteiligten auf, sich auf die Positionen der Mitstreiter zu konzentrieren. Er geht dann zu der Person, die am nächsten beim Kärtchen »Vordenker« steht und fragt alle anderen, ob sie die Position auch so sehen oder ob sie einen anderen Akzent setzen würden.

Je nach Feedback wird die Position dann beibehalten oder auch verändert. Entlang der Bezugspunkte »Macher«, »Mitmacher« und »Skeptiker« werden anschließend alle Beteiligten in ihrer Platzwahl bestätigt oder – mit ihrem Einverständnis – ein Stück weit bewegt.

Es macht keinen Sinn, im Anschluss daran über »richtige« Positionen oder falsche Positionen zu diskutieren, denn all dies sind subjektive Wahrnehmungen jenseits objektivierbarer Sachverhalte. Weit produktiver ist meines Erachtens dagegen eine Aussprache über die Zusammensetzung von Teams. Oder zum Beispiel, dass Skeptiker wichtig sind!

Teamwork *live!*

Akteure: 10 bis 20 Personen; 2 bis 3 Beobachter.

Räumlichkeiten bzw. Platzbedarf: Zwei bis drei Seminar- oder Tagungsräume, die möglichst nicht aneinander angrenzen. Wenn das Szenario ins Freie verlegt wird, sollten drei Plätze gewählt werden, die keine Sichtverbindung zueinander haben.

Material:
- Kreide oder Tesakrepp zur Markierung der Prozessfläche.
- 10 Teppichfliesen, Pappteller oder Ähnliches in zwei Farben.
- Aufkleber mit den Bezeichnungen »VA« und »FB«.
- Schriftliche Aufgabentexte für die Führungscrew, die Beobachter und gegebenenfalls das Controlling.
- Klemmbretter und Stifte für die Beobachter.
- 2 Funkgeräte oder ersatzweise Haus- oder Mobiltelefone.

Zeitbedarf: 2 bis $2^1/_2$ Stunden.

Charakteristik: Stark verkürzt lautet der Auftrag so: Eine kleine Führungscrew bekommt von einem Kunden eine ziemlich komplexe, zum Teil ziemlich schwer verständliche Aufgabe. Die Mitarbeiter dieser Führungscrew sollen auf einer für sie (die Führungskräfte) nicht einsehbaren »Prozessfläche« ein definiertes Ziel erreichen. Die Kommunikation läuft per Mobiltelefon oder Funkgerät via zwischengeschalteter Koordinationsgruppe, womit quasi drei Hierarchieebenen abgebildet sind, die in einem engen Abhängigkeitsverhältnis stehen.

Der Titel ist Programm! Wie sich Teams und vor allem ihre Führungskräfte das Leben schwer machen (können), das wird mit diesem Projekt schonungslos aufgedeckt. Dabei ginge es so einfach, wenn man sich von alten Denk- und Verhaltensschemata ein wenig lösen könnte.

»Teamwork *live!*« ist kein leicht verdauliches Häppchen für Zwischendurch und taugt auch nicht als krönender Schlussakkord eines Seminars. Etwas frustriert, aber geläutert brachte es ein Bankdirektor auf den Punkt: »Ich würde manches, wenn nicht alles anders machen beim nächsten Mal!« Wer als Trainer nicht nur den »Spaßfaktor« als Messlatte nimmt, sondern auch mit der »Ästhetik des Scheiterns« etwas anfangen kann, für den ist dieses Szenario richtig. Es löst eigentlich immer viele Emotionen aus und entfacht lebhafte Diskussionen. In jedem Fall wäre es günstig, wenn zwei Trainer als Moderatoren verfügbar wären.

Vorbereitung: Noch vor der Veranstaltung sollten die Aufgabenbeschreibungen auf die voraussichtliche Zahl der Akteure abgestimmt und die Aufkleber mit den Bezeichnungen »VA« und »FB« auf die Teppichfliesen oder Pappbecher geklebt werden. Doch dazu später.

Mit Bedacht sind die Räumlichkeiten beziehungsweise Orte der handelnden Parteien zu wählen. Wie oben beschrieben, sollten diese ein Stück voneinander entfernt liegen und auf keinen Fall Sichtkontakt zueinander zulassen. Die Grafik auf der vorhergehenden Seite zeigt, wie die Prozessfläche markiert werden muss und wie die »FBs« und »VAs« (siehe oben) darauf platziert werden. Die Kästchen sollten eine Kantenlänge von mindestens 50 cm haben.Instruktion:

Instruktion:

	VA	VA	VA	VA	
		FB	FB		
		FB	FB		
		FB	FB		

Als Erstes werden die verschiedenen Rollen vergeben:

- Steuerungsgruppe: 2 Personen.
- Koordinationsgruppe: 2 bis 3 Personen.
- Aktionsgruppe: 3 bis 6 Personen.
- Controlling: 1 bis 3 Personen (vor allem bei Gruppengrößen von 15 und mehr Personen sinnvoll).
- Beobachter: 2 bis 3 Personen.

Steuerungs-, Koordinations- und Aktionsgruppe werden wie folgt zu ihren Plätzen geführt:

- Die Steuerungsgruppe wird darauf hingewiesen, dass sie den zugewiesenen Raum beziehungsweise die definierte Fläche nicht verlassen darf.
- Die Koordinationsgruppe erhält ihren Platz mit den Worten »Das ist Ihr ›Büro‹« zugewiesen. Die Formulierung »Büro« lässt den Spielraum, dasselbe auch zu verlassen.
- Die Mitglieder der Aktionsgruppe beziehen ihre Positionen auf der ersten Reihe der Prozessfläche, müssen diese aber noch nicht gleich einnehmen.

Controlling und Beobachter können gemeinsam instruiert werden: Beide Gruppen bekommen die schriftliche Aufgabenstellung ausgehändigt. Die Controller sind darauf hinzuweisen, dass sie nur für die Einhaltung der Regeln auf der Prozessfläche zuständig sind und bei Regelverstößen eingreifen sollen. Die Beobachter sind natürlich frei in ihrer Ortswahl, können sich auf die Plätze beziehungsweise Gruppen aufteilen und sich auch während des laufenden Szenarios miteinander abstimmen.

Es folgt nun der Text, der natürlich nur der Steuerungsgruppe und nicht der Koordinations- und Aktionsgruppe ausgehändigt wird:

Teamwork live!

Vorbemerkung: *Wie im »richtigen (Arbeits-)Leben« ist dieser Text mitunter recht unpräzise formuliert. Erschwerend kommt hinzu, dass der Auftraggeber mit weiteren Erläuterungen zurückhaltend ist und ins Geschehen eingreift, wenn ihm etwas nicht passt. Wie auch immer: Am besten Sie behandeln den Auftraggeber so wie einen Ihrer Kunden.*

Organisatorischer Rahmen: *Sie, die Mitglieder der Steuerungsgruppe, dürfen diesen Raum nicht verlassen. Diese Informationsblätter wurden nur Ihnen als Projektverantwortliche ausgehändigt. Die Blätter dürfen nicht kopiert werden und müssen stets für Sie greifbar sein. Ihnen und der Koordinationsgruppe stehen Funkgeräte (Mobiltelefone) zur Verfügung, sodass Sie sich absprechen können.*

Aufgabe: *Die Mitglieder der Aktionsgruppe – im folgenden AGs genannt – stehen in der Prozessfläche an definierten Positionen. Sie als Steuerungsgruppe haben die Aufgabe, die AGs durch die Prozessfläche zu bewegen, bis diese die letzte Reihe erreicht haben (auf beigefügter Grafik ist dies die oberste Reihe) und dort im »sicheren Hafen« angelangt sind. Das Ziel ist, die AGs auf dieser Reihe zu platzieren. (Wenn Sie einen AG ins Ziel bringen, ist das ein gutes Ergebnis, zwei AGs wären sehr gut, drei AGs konnten bislang noch von keinem Team durchgebracht werden.)*

Bedingungen: *Auf der Prozessfläche stehen bereits sechs »Feste Blöcke« (FBs) und vier »Variable Agenten« (VAs). FBs sind fix, also ortsfest, und die Felder, die sie belegen, können nicht von AGs oder VAs genutzt werden. VAs sind mobil und können AGs schlagen, indem sie auf dem Feld landen, auf dem ein AG gerade steht. Die AGs können aber auch die VAs aus der Prozessfläche werfen.*
VAs können ein Feld in jede Richtung gehen (wie der König beim Schach). AGs können zwei Felder in eine Richtung und dann ein Feld im rechten Winkel dazu gehen (wie der Springer im Schach). Die FBs können nur von den AGs übersprungen werden.
Auf jedem Feld darf immer nur jeweils ein AG beziehungsweise ein VA beziehungsweise ein FB stehen. AG und VA ziehen abwechselnd; ein AG macht den ersten Zug. Die VAs werden durch einen Trainer gezogen. Sie (die VAs) sind schwer auszurechnen. Mal gehen sie freiwillig aus dem Weg, manchmal jedoch schlagen sie zu.

Ablauf: *Wenn Sie keine Fragen mehr haben, können Sie beginnen. Insgesamt haben Sie 45 Minuten Zeit. Viel Erfolg!*

Bedingungen:
Auf der Prozessfläche stehen bereits sechs »Feste Blöcke« (FBs) und vier »Variable Agenten« (VAs). FBs sind fix, also ortsfest, und die Felder, die sie belegen, können nicht von AGs oder VAs genutzt werden. VAs sind mobil und können AGs schlagen, indem sie auf dem Feld landen, auf dem ein AG gerade steht. Die AGs können aber auch die VAs aus der Prozessfläche werfen.
VAs können ein Feld in jede Richtung gehen (wie der König beim Schach). AGs können zwei Felder in eine Richtung und dann ein Feld im rechten Winkel dazu gehen (wie der Springer im Schach). Die FBs können nur von den AGs übersprungen werden.
Auf jedem Feld darf immer nur jeweils ein AG beziehungsweise ein VA beziehungsweise ein FB stehen. AG und VA ziehen abwechselnd; ein AG macht den ersten Zug. Die VAs werden durch einen Trainer gezogen. Sie (die VAs) sind schwer auszurechnen. Mal gehen sie freiwillig aus dem Weg, manchmal jedoch schlagen sie zu.

Ablauf:
Wenn Sie keine Fragen mehr haben, können Sie beginnen. Insgesamt haben Sie 45 Minuten Zeit. Viel Erfolg!

Auf einem zweiten Blatt ist die Prozessfläche wie folgt abgebildet:

	VA	VA	VA	VA	
		FB	FB		
		FB	FB		
		FB	FB		
	AG	AG	AG	AG	

Ungefähr drei Minuten nach Übergabe des Aufgabentextes stellt sich der Moderator etwaigen Fragen der Steuerungsgruppe, wartet auf eine Lücke im Fluss der Fragen und startet mit den Worten *Zeit läuft!* seine Stoppuhr.

Wenn zwei Trainer das Szenario begleiten, macht es Sinn, dass ein Trainer die Federführung übernimmt und vor sowie während der Aktionsphase alle Fragen beantwortet (um unnötige Widersprüche zu vermeiden), während der andere ihm zuarbeitet und das Ziehen der VAs übernimmt.

Nicht immer einfach ist die Doppelrolle als federführender Moderator: Einerseits ist man Spielleiter, andererseits Auftraggeber. Wichtig ist, die Akteure nicht im Unklaren zu lassen, welchen Hut man gerade auf hat: den des vielleicht unbequemen, nervigen Kunden oder den des (hoffentlich) umsichtigen Spielleiters.

Noch zehn Minuten! Die Steuerungsgruppe wird vom Moderator kurz vor Ablauf über die verbliebene Zeit informiert. Das Szenario pünktlich abzubrechen ist nicht immer die beste Lösung. Es kann durchaus Sinn machen, einige Minuten zuzugeben und die Positionskämpfe der VAs noch ein wenig laufen zu lassen.

Auswertung: Nach einem längeren Projekt kann zwischen Aktion und Reflexion eine Kaffeepause eingeschoben werden, um die Gemüter abzukühlen. Das bringt allerdings auch Nachteile mit sich: Ein Teil der Auswertung geschieht dann informell bei Kaffee und Kuchen und in der anschließenden formellen Reflexion muss die Spannung erst wieder aufgebaut werden.

Jedenfalls sollten die Akteure der verschiedenen Teams beisammensitzen. So lassen sich die verschiedenen Kommunikationsstränge besser rekonstruieren. Da weder die »Aktionisten« noch die Koordinatoren den Aufgabentext kennen, sollte dieser in einem ersten Schritt vorgelesen werden.

Ich greife gerne auf die Methode »Reflektierendes Team« zurück, um dieses sehr komplexe *Lernprojekt* nachzubearbeiten. Ausgangspunkt des »Reflektierenden Teams«, das mitunter auch »Aquarium« genannt wird, bildet ein »Außenkreis« und ein »Innenkreis« von Stühlen. Im »Innenkreis« nehmen die Mitstreiter der Aktionsgruppe Platz, während alle anderen Beteiligten auf ihren angestammten Stühlen im »Außenkreis« sitzen bleiben.

Die »Aktionisten« bekommen sodann die Aufgabe, das *Lernprojekt* intern nachzubesprechen und dabei so zu tun, als wären sie dabei alleine und würden nicht beobachtet. Im Anschluss daran sind die Koordinatoren und dann die Steuerer mit der gleichen Vorgabe an der Reihe. Als Moderator sorgt man dafür, dass nur der Innenkreis Rederecht hat und etwaige Kommentare des »Außenkreises« sofort gestoppt werden.

Mit dem »Reflektierenden Team« können mitunter erstaunliche Wirkungen erzielt werden: Vermeintlich abgeschottet, wagen manche Protagonisten, Dinge beim Namen zu nennen, die sie in einer offenen Runde nie zum Besten geben würden – einfach weil die Retourkutsche auf dem Fuße folgt. Es kann sich dann eine Eigendynamik entwickeln, bei der manche bislang mühsam unter der Decke gehaltenen Wahrnehmungen, Bewertungen und Urteile ausgebreitet werden.

Auf der anderen Seite kann die Methode auch unfaire Anspielungen und en passant geäußerte Abwertungen provozieren und so Personen im »Außenkreis« verletzen. Der Moderator sollte also unbedingt auf der Hut sein und in der abschließenden offenen Runde auf etwaige Krisen, die entstanden sind, reagieren.

»Teamwork *live*« schürt Emotionen, zerrt an den Nerven der Beteiligten, geht unter die Haut. Und es ist zuallererst die Aktion selbst, die nachhaltig wirkt. Das sollte man nie vergessen. Insofern achte ich darauf, dass die Auswertung zum richtigen Zeitpunkt, das heißt: nicht zu spät, beendet wird. Eine ausufernde, in Seitenthemen mäandernde Schlussrunde entwertet das Szenario. Das sollte vermieden werden.

Schwebender Stab

Akteure: 6 bis 15 Personen.

Räumlichkeiten bzw. Platzbedarf: Eine Fläche von 3 m × 4 m reicht vollkommen aus. Von Stühlen, Tischkanten etc. sollte etwas Abstand gehalten werden, sodass alle Beteiligten genügend Raum haben, sich zu bücken oder in die Knie zu gehen.

Material: Ein leichter Stab, zum Beispiel aus Bambus mit einer Länge von etwa 2,50 m. Persönlich verwende ich die zerlegbare und je nach Gruppengröße variierbare Alustange von Metalog-Trainingtools.

Zeitbedarf:15 bis 20 Minuten.

Charakteristik: Die Akteure sollen einen Bambusstab, der auf ihren waagrecht gehaltenen Zeigefingern balanciert, auf den Boden ablegen. Dabei müssen sie alle ständigen Hautkontakt zum Stab halten.

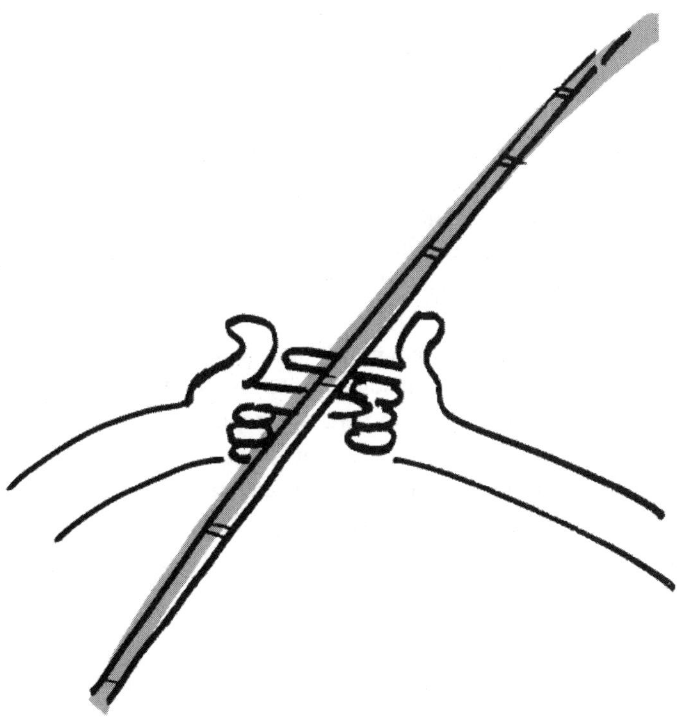

Auf den ersten Blick scheint die Aufgabe leicht lösbar zu sein. Umso mehr überrascht, dass sich der Stab nicht Richtung Boden bewegt, sondern nach oben entschwebt. Eine alte »systemische Bauernregel« scheint sich damit wieder mal zu bewahrheiten: »Intention und Funktion einer Aktion sind meist divergent.« (Fritz B. Simon)

Der »Schwebende Stab« eignet sich als kleines Lernprojekt hervorragend für den Einstieg in den (Seminar-)Tag oder für einen organischen Übergang zu einem neuen Thema.

Vorbereitung und Instruktion: Die Akteure stellen sich – Schulter an Schulter – mit dem Gesicht zueinander in einer Gasse auf. Sie strecken ihre Hände nach vorn und ordnen diese nach dem Reißverschluss-Prinzip. Bildhaft unterstützend heißt es dann:

> *»Zielen Sie jetzt – wie mit einem Revolver – auf Ihr Gegenüber und halten Sie als Abzug ihren Daumen nach oben!«*

Wenn alle Akteure ihre Positionen eingenommen haben, legt der Trainer den Bambusstab auf die waagrecht gehaltenen Zeigefinger ab. Den Stab hält er noch fest, achtet darauf, dass alle Kontakt zu diesem haben und pariert einen eventuellen Druck nach oben durch sanften Gegendruck.

Erst jetzt formuliert er die Aufgabe, den Stab auf den Boden abzulegen und währenddessen ständig zu ihm Kontakt zu halten. Er betont, dass es nicht erlaubt ist, den Stab zwischen die Finger einzuklemmen, mit dem Daumen nachzuhelfen oder Hilfsmittel zu verwenden.

Moderation bzw. Intervention: Bei diesem Lernprojekt ist es der Trainer, der auf die Qualität der Ausführung achten sollte. So insistiert er auf ständigen Kontakt zum Stab und ahndet Regelverstöße auf direktive Weise.

Wenn – vor allem beim ersten Versuch – der Stab nach oben »entschwebt«, übernimmt der Trainer diesen und beginnt wieder in der Ausgangsposition.

Auswertung: Zu diesem Projekt passt eine kurze Auswertung: Auf ein Flipchart werden – in gleichem Abstand zu einem sogenannten Nullpunkt in der Mitte – die Kriterien Qualität, Zeit, Kommunikation und Atmosphäre/Stimmung aufgeschrieben und horizontal sowie vertikal durch Skalen verbunden. Die Akteure können nun das Lernprojekt mit Klebepunkten bewerten: Jeder setzt seine vier Punkte zwischen dem Nullwert und den vier genannten Kriterien. Anschließend werden zu diesen – über den Daumen gepeilte – Durchschnittswerte markiert und miteinander zu einem Viereck verbunden.

Die entstandene Grafik bildet den Unterbau für eventuelle weitere Betrachtungen. Aufschlussreich ist meist das Spannungsverhältnis auf den beiden Achsen. Also:

- Wie verhält sich Qualität zu Zeit? Wurde die Qualität dem schnellen Erfolg geopfert oder umgekehrt?
- Wie wirkte sich die Kommunikation auf die Stimmung und Arbeitsatmosphäre aus?

Häufig rufen Mitspieler mit eindringlicher Stimme und zunehmender Lautstärke »*Runter!*« und »*Nach unten, nicht nach oben!*«, wobei der Tonfall keinen Zweifel daran lässt, dass die jeweils anderen »Schuld« sind, dass der verdammte Stab nach oben entschwebt, während man selbst alles dafür tut, die Aufgabe zu erfüllen. In diesem Fall ist nach den Vertrauens- und Misstrauenskulturen im Unternehmen zu fragen. Denn natürlich ist es am einfachsten, einen »Schuldigen« ausfindig zu machen und damit die eigene Verantwortung von sich zu weisen.

Die Autoren

Bernd Heckmair, Jg. 1953, Diplompädagoge und Fachsportlehrer, ist Berater, Trainer und Buchautor für Führung, Teamentwicklung und Trainer-Qualifikation. Ausbildung in Kommunikationspsychologie und systemischer Beratung. Homepage: www.bernd-heckmair.de.

Stefan König, Jg. 1970, Master of Arts (Personalentwicklung) und Dipl. Sozialpädagoge. Arbeitet als Referent für Personalberatung. Schwerpunkt ist internationale Organisations- und Personalberatung. Er leitet Trainings für Fach-, Führungskräfte und Teams und führt Projekte der Organisations- und Personalentwicklung von Unternehmen durch.

Ulrich Lipp, Jg. 1953, Pädagoge, arbeitet seit vielen Jahren erfolgreich als Trainer, Moderator und Berater für Industrieunternehmen, Managementinstitute und verschiedene Bildungseinrichtungen. Kontakt: lipp@wup.info.

Prof. Dr. Bernd Weidenmann, Jg. 1945, Universitätsprofessor für Pädagogische Psychologie, ist Experte für Train-the-Trainer-Seminare. Als Autor der Trainingsbestseller »Handbuch Active Training«, »Erfolgreiche Kurse und Seminare«, »Gesprächs- und Vortragstechnik«, »100 Tipps & Tricks für Pinnwand und Flipchart« ist er der Zielgruppe bestens bekannt.

Hermann Will, Dr., Jg. 1946, Pädagoge und Diplom-Psychologe, freiberuflicher Trainer, Berater und Moderator für Industrie- und Dienstleistungsunternehmen und Verbände. Arbeitsschwerpunkte: Beratung, Moderations- und Workshop-Methoden, Moderation von Workshops und Tagungen, Vortrags- und Präsentationstrainings, Train-the-Trainer-Seminare, Kreativität und Innovation. Initiator von WUP Will und Partner. Homepage: www.wup.info.

Kleinere Beiträge

Markus Eberhard, Jg. 1966, Schauspieler, Pädagoge, arbeitet als Schauspieler für Theater und Fernsehen. Durch seine pädagogische und buddhistische Tätigkeit ist er auch als Coach in Einzelberatungen und Seminaren unterwegs. Kontakt: 0175-59 69 942, www.markus-eberhard.com.

Karin Göppel, Jg. 1964, Dipl. Soz. Päd (FH), entwickelt Konzepte und Materialien für Verkaufstrainings. Sie ist langjährige Mitorganisatorin des jährlichen BDVT-Camps des Berufsverbands der Verkaufsförderer und Trainer e. V. (BDVT), einer Weiterbildungsveranstaltung für Trainer, Berater und Coaches. Seminarpraxis als Co-Trainerin im Coaching von Echtkunden-Telefonaten und -Kontakt. Mitarbeit im Cama-Institut für Kommunikationsentwicklung, Hannover.

Dr. Galina Pokhmelkina, Russland, Jg.1954, PhD, Päd. (FH), Psychol, PsDramatikerin, Mediatorin, Leiterin des Verlags und des Zentrums für Psychotherapieausbildung in Moskau. Sie leitet Projekte zum Konfliktmanagement und Organisationskultur. Bietet Einzel- und Team-Coaching, Trainings und Projekte an. E-Mail galina@pt-center.ru.

Markus Ried, Jg. 1970, Diplomwirtschaftspädagoge, NLP Practitioner, Hochseilgartentrainer, Raft-Guide, Geschäftsführer von Constructive Outdoor Training (Conout). Die Angebotspalette von Conout erstreckt sich von Outdoor-Trainings, Outdoor-Events über Indoor-Events und Incentives. Homepage: www.conout.com.